有趣的海洋

图解神秘的海底世界

妮崽·编著

野作插画·绘

邱宁·审

電子工業出版社

Publishing House of Electronics Industry

北京·BEIJING

读 者 服 务

读者在阅读本书的过程中如果遇到问题，可以关注"有艺"公众号，通过公众号中的"读者反馈"功能与我们取得联系。此外，通过关注"有艺"公众号，您还可以获取艺术教程、艺术素材、新书资讯、书单推荐、优惠活动等相关信息。

投稿、团购合作：请发邮件至art@phei.com.cn。

扫一扫关注"有艺"

图书在版编目（CIP）数据

有趣的海洋：图解神秘的海底世界 / 妮鸢编著；野作插画绘. —北京：电子工业出版社，2023.7

ISBN 978-7-121-45830-9

Ⅰ.①有… Ⅱ.①妮… ②野… Ⅲ.①海洋生物－青少年读物 Ⅳ.①Q178.53-49

中国国家版本馆CIP数据核字（2023）第112701号

责任编辑：高　鹏　　　　　　　特约编辑：田学清
印　　刷：中国电影出版社印刷厂
装　　订：中国电影出版社印刷厂
出版发行：电子工业出版社
　　　　　北京市海淀区万寿路173信箱　　　邮编：100036
开　　本：787×1092　　1/16　　印张：5.5　　字数：123.2千字
版　　次：2023年7月第1版
印　　次：2023年7月第1次印刷
定　　价：69.00元

凡所购买电子工业出版社图书有缺损问题，请向购买书店调换。若书店售缺，请与本社发行部联系，联系及邮购电话：（010）88254888，88258888。

质量投诉请发邮件至zlts@phei.com.cn，盗版侵权举报请发邮件至dbqq@phei.com.cn。

本书咨询联系方式：（010）88254161～88254167转1897。

探秘海底世界

　　向上，我们想看到天空的尽头，所以去探索宇宙的奥秘；向前，我们想找到山川的边际，所以去寻觅大地的印记；向下，我们想了解海底的故事，所以去寻找海洋的秘密……

　　那么在海洋的尽头——

　　会是海绵宝宝的菠萝屋吗？

　　接下来，我们就一起去开启海底世界的奇妙之旅！

　　停！

　　想要去海底世界，我们得先知道什么是海洋吧！

　　快来跟我一起看看！

　　我们常说海洋，但是你知道吗，海和洋并不是同一个地方。洋，是海洋的中心部分。虽然在"海洋"这个词中，"洋"的位置靠后，但是洋才是海洋的主体，可以占到海洋总面积的89%左右。而海在洋的边缘，海的面积也没有洋的面积大，海洋剩下约11%的地方才是海的地盘呢！它们俩合起来的总面积约3.6亿平方千米，约占地球表面积的71%，看看这面积有多大啊！海洋不止大，还深！平均水深大约3700米，不知道要在海底建多少层楼才能看到海平面。海洋里面到底有多少生物，科学家们可能都没法给出一个具体的数字，不过人们对未知的东西总是充满好奇，现在让我们正式开启海底世界的奇妙之旅吧！

目　录

第一章 熟悉的"老朋友"

曾经的货币——海贝

　　大海中生活着许多种海洋贝类生物——海贝，它们是海洋中已知种类最多的无脊椎动物，也是最常见的海洋生物。它们有着柔软的身体，被美丽而坚硬的外壳包裹着。这些外壳就是它们随身携带的"房子"，不但能够保护它们躲避其他物种的捕食，而且能够帮助它们保持水分，还能够帮助它们阻挡水流的冲击和细菌、病毒的侵害。但是海贝并不是一出生就有坚硬的外壳，它是卵生动物，被孵化后会变成幼体，幼体靠纤毛随水漂浮，没有外壳。幼体经过变态发育后才会长出外壳。随着幼体慢慢长大，外壳也会变得越来越大、越来越坚硬，最终成为我们熟悉的贝壳。

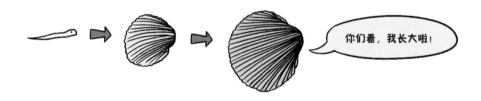

你们看，我长大啦！

　　海贝在分泌钙质生成外壳的过程中，受到气候、食物等外部环境的影响，钙质分泌不均匀，从而形成一圈圈的生长纹，有点像树木的年轮，一圈一圈地刻着海贝生长的痕迹。而且，不同种类的海贝有着不同的形状和斑纹。亿万年来，海贝在大自然的鬼斧神工之下拥有了千变万化的造型，它们有的扁、有的圆、有的长、有的像塔、有的像扇子……如果把这些不同造型的贝壳收集起来，穿成一串，那一定是非常好看的风铃。有趣的是，海贝的形状和斑纹也是"遗传"而来的，它的爸爸妈妈是什么样，那它基本上也是什么样，就和我们人类长得和爸爸妈妈相似是一样的道理。虽然海贝很常见，但是如果仔细观察，我们一定会发现它们各自的美丽。

海洋那么大，没有脚也没有鳍的海贝要怎样行走呢？我们一起来探探究竟。原来，虽然海贝没有脚，但是它们的足部肌肉比较发达，因此它们可以依靠肌肉的伸缩来行走，也可以依靠水流的力量在大海里飘荡。可不要小瞧了海贝小小的身躯，它们的小身体里也有大能量，有的可以匍匐前进，有的甚至可以跳动着前进，就像动画片里演绎的那样。有的海贝比较懒，不愿意自己动，它们会依附在其他生物如海龟、海蟹的身上，跟着它们一起在大海中遨游。

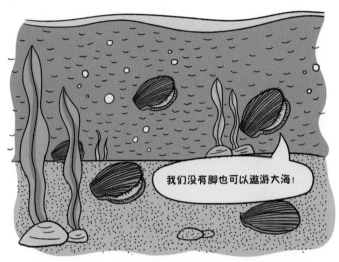

海贝除了拥有美丽的外壳，更重要的是还能够孕育珍珠。可是圆润美丽的珍珠并不容易得到，珍珠的形成需要海贝承受很大的痛苦。当沙砾进入海贝后，海贝会觉得很不舒服，就像我们的眼睛里进了沙子会忍不住眨眼和流泪一样，它们会用自己柔软的身体包裹住沙砾，同时分泌珍珠质，一层一层地将沙砾包裹住，等到珍珠质足够厚时，珍珠就形成了。

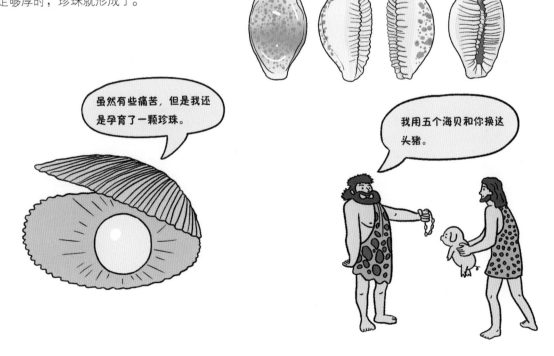

出色的"建筑师"——章鱼

章鱼，虽然名称里有"鱼"字，但是它并不是鱼类，而是海洋里的一种软体动物。章鱼的身体一般很小，不过八条触腕又细又长，弯弯曲曲地漂浮在水中，因此章鱼又有"八爪鱼"之称。

可是你知道吗？章鱼可是海洋里的霸王之一，它的力气非常大，并且十分喜欢战斗，不少海洋生物都怕它。那八条触觉灵敏的触腕是它在海洋里生存的好帮手，每条触腕上有多至上百个吸盘，每个吸盘能够吸起的100克的东西，无论谁被它的触腕缠住，都难以脱身。

我可是有"法宝"的！不过放心，我的墨汁对人没有毒害作用。

和人的手一样，章鱼的触腕有着非常高的灵敏度，足以承担"护卫队"的角色。章鱼在休息时，总有一两条触腕在不停地向四周舞动，高度警惕着"敌情"。要是有什么东西碰到了它的触腕，它就会一跃而起，吐出黑色的墨水，然后藏起来，并高度警惕地观察四周，随时准备攻击或者逃跑。

章鱼的体力是很充沛的，它甚至可以连续六次向外喷射墨汁，半小时后，又能积蓄很多墨汁。

章鱼喜欢钻进其他海洋生物的空壳里居住，牡蛎就是常常被它"欺负"的对象。章鱼在找到牡蛎后，就会在一旁耐心地等待，在牡蛎开口的一刹那，它就马上把石块扔进去，使牡蛎的两扇壳子无法合上，然后把牡蛎的肉吃掉，并钻进牡蛎的空壳里安家。由此可见，章鱼是十分聪明的。

牡蛎弟弟对不起啦，你的房子现在归我啦！

其实章鱼的智慧远不止于此，八条触腕不仅能帮它们抵抗外敌，还能让它们成为海洋里出色的"建筑师"。海底的石头既是它们的建筑材料，也是它们防御外敌攻击的"盾"。

章鱼大多是在午夜建造房屋的，午夜之前，它们一点儿动静也没有，好像在积蓄力量。午夜一到，它们就好像接到了谁发布的命令似的，八条触腕一刻不停地收集各种石块。章鱼可以运走比自身重 5 倍、10 倍，甚至 20 倍的大石块。章鱼喜欢栖息的地方常有"章鱼城"出现，这些由石块筑成的"章鱼之家"鳞次栉比，颇为壮观。如果遇到危险，这些"章鱼城"就成了章鱼抵抗外敌的一道防线。

嘿嘿嘿，你看我厉害吧！邀请你们来我的房子里坐坐啊！

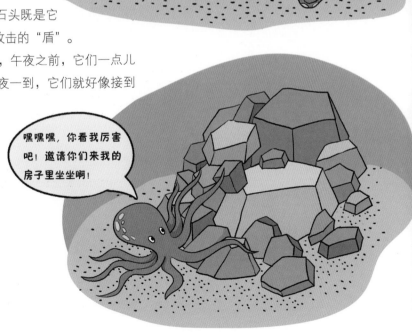

海洋里的天才——海豚

海洋馆里常见的海豚很受小朋友的喜爱，它们的表演总能引起观众的阵阵欢呼。别看海豚长得可爱，其实它是中等尺寸的鲸类动物，属于鲸目海豚科。海豚的皮肤光滑，体形圆润，呈纺锤形，喙前额头隆起，有弯如钩状的背鳍。海豚主要分布在世界各大洋及河流中，宽广的水域为它们提供了足够的运动空间，跳跃和游泳是它们特别喜欢做的事情。

虽然我们很厉害，但是动物表演不可取！

说到游泳，海豚有着海豚科动物独特的泳姿——豚泳，就是将整个身体以小角度跃离水面，再以小角度入水。如果海洋里举办运动会，豚泳或许能帮助海豚拿到不错的成绩。

海豚和我们人类一样是用肺呼吸的哺乳动物，但是海豚不像其他鲸类那样能长时间深度潜水，它们在游泳时会潜入水里，每隔一段时间就得把头露出水面呼吸，否则会窒息而死。可这并不会影响海豚游泳的速度。通常情况下，它们的游泳速度为每小时 30 ~ 40 千米，并且能维持很长时间，可以说海豚是海洋里的长距离游泳冠军。

它怎么可以游得这么快啊？我的金牌飞走了。

海豚还是高度社会化的物种，它们生活在一个群体中，就像一个大家族。在这样的大家族里，合作是海豚最常见的集体行为，它们相互帮助，共同生活。例如，在遇到威胁它们生命的鲨鱼时，海豚们会团结起来，撞击鲨鱼，以排除危险。也许正是因为有这样的感情羁绊，海豚之间还会协作，帮助受伤或生病的成员。

海豚的聪明不仅体现在团体协作、互帮互助上。它们有着发达的大脑，脑部的质量与人类不相上下，成年海豚的智商可以与六七岁的儿童媲美。在某些危急时刻，它们还能"救人"，凡是海洋中不积极运动的物体都会引起它们的注意，它们会主动"搭救"。这是为什么呢？原来海豚最初的"救人"行为是为了帮助海豚幼崽浮出水面呼吸，刚出生的海豚幼崽还没有足够的力气游到水面上呼吸，海豚妈妈就会把它们顶到水面上，让

幼崽呼吸第一口新鲜的空气，后来这逐渐成为海豚的习惯。

更厉害的是海豚的大脑可以分开休息，睡觉的时候，大脑的一侧停止活动，同一侧的眼睛也开始休息，而另一侧的大脑则保持清醒，会在需要浮上水面呼吸新鲜空气时发出信号，只是警觉度较低。大约两小时后，海豚会交换左右两侧大脑承担的任务，之前清醒的一侧大脑开始休息，已经休息了两小时的另一侧大脑则被唤醒。如此循环往复，使海豚在睡眠状态下也能保持足够的活动能力。这是非常厉害的能力，要是人类也可以这样，或许世界又会不一样吧！

海洋"萌宝"——海豹

在地球生命漫长的进化历程中，一些陆地上的肉食性动物为了生存下来，选择"另辟蹊径"——到海洋里寻找食物。可需要游泳怎么办？在漫长的自然选择压力下，这些肉食性动物的四肢逐渐演变成鳍状，使它们可以在水中自由游动。海洋生物学家把这些动物称为鳍足类动物。

海豹可是海洋中的一个大家族，是鳍足类动物中分布最广的一个族群，从南极到北极，从海洋到淡水湖泊，都有海豹的足迹。目前全世界共有十几种不同类型的海豹，其中有具有独特的斑点或斑纹的港海豹，有鼻子且能膨胀的象海豹，脑袋圆圆有些像僧侣的僧海豹，戴着"围巾"的环海豹，像糯米团子一样的竖琴海豹，还有凶猛的豹海豹……

僧海豹

竖琴海豹

这是我分布在世界各地的兄弟姐妹。

港海豹

韦德尔氏海豹

海豹的个头在海洋里不算大，体长1.5～2米，雌性海豹要小一些。它们的眼睛很大，多看几眼仿佛都要被它们萌化了。不过它们没有外耳廓，看起来像是没有耳朵，其实它们的耳朵只是变得极小或退化成了两个圆孔，游泳的时候是能够自由开闭的。海洋中许多游泳能手的身形都像纺锤，海豹也不例外，它们的游泳速度可达每小时27千米。它们同时也很擅长潜水，通常可以潜至100米左右的海洋深处。它们的前脚比后脚短一点，毛茸茸的，还有五片指甲，指甲之间像鸭蹼那样连起来，虽然不能走路，但是在陆地上爬行也足够了。

什么？你说我不可爱？不好意思，耳朵关上了听不见！

海豹主要生活在寒温带海洋中，主要分布在南极地区、北冰洋、北大西洋、北太平洋等地。它们在日常生活中，除了生产、休息和换毛的季节需要到冰上、沙滩上、岩礁上，其余时间都在海里。海豹对自己居住的地方有着很高的忠诚度，一般不会轻易离开。

和海豚一样，海豹也是海洋里的哺乳动物，用肺呼吸。海豹常常需要在海里捕捉食物，因此它们一般先在海面呼吸一口气，然后潜入海水中，氧气耗完时又会浮出海面换气。

在这一呼一吸之间，海豹能完成许多事，尤其是捕食，它们主要捕食各种鱼类，有时也吃甲壳类。海豹是个不折不扣的"吃货"，它们的食量很大，一只 60 ~ 70 千克重的海豹一天要吃 7 ~ 8 千克鱼，如鲱鱼、鲈鱼、鳕鱼及比目鱼，有时也会吃虾、蟹及一些软体动物。它们可以花几天的时间到 50 千米外的地方捕食。虽然海豹吃得不少，但是这运动量也不可小觑。

海豹生产这一"大事"并不是在海里完成的，必须在陆地上或者海面的浮冰上完成。怀孕期满的海豹会爬到浮冰上产下小海豹，然后每天按时喂奶，精心照料自己的幼崽。由于此时的小海豹身体还很弱，活动力也不够，海豹妈妈

需要更仔细地观察周围的情况。当海豹妈妈发现危险时，会先迅速地将小海豹推到海里，自己再潜水逃走。有的海豹则十分聪明，会在栖息的浮冰上打一个洞，以便随时逃命。有时遇到比较紧急的情况，来不及将小海豹推到海里，海豹妈妈就会向空中一跃，用自己的身体将浮冰砸破，趁机和小海豹一起逃走。看来，无论是动物还是人类，妈妈的爱都是无比伟大的。

海底"打捞员"——海狮

海狮也是一种鳍足类动物，还是一种和海豹长得很像的家伙，有些小朋友在海洋馆看到它们时，总会被搞糊涂。海狮的体形比较小，体长一般不会超过 2 米，成年的雄性海狮在颈部周围有着又长又粗的鬃毛，就像狮子一样，只不过它们生活在海里，所以人们管它们叫海狮。和海豹相比，海狮的前肢长得更像鱼鳍，还很有力量。在陆地上，海狮能用前肢撑起身体前行，在海洋中，海狮能用前肢提供动力，后肢则用来控制方向，而海豹正好相反。

别看海狮个头不大，在海洋中它们可是耐力超强的"猎人"，它们的游泳速度一般为每小时 6～30 千米，一次狩猎甚至可以持续 30 个小时。这项能力可不是一朝一夕练就的，而是经过了数百万年的进化。为了找到喜欢的猎物，海狮的捕猎深度比许多水栖生物要深得多。每次它们都要在海面上大大地吸一口气，确保在下潜时有足够的氧气可用。在海水中，它们还会减缓心跳来节省氧气，甚至会使血液流向改变，仅流经最重要的器官，如心脏、肺和大脑。不得不说，海狮真的很厉害。

比起嗅觉和听觉，海狮的视觉不是特别好，它们无法仅仅依靠眼睛迅速捕获猎物。当它们接近猎物时，更依赖于利用胡须感知猎物。在捕食时，海狮可以全方位控制胡须，它们的胡须既能够平贴在脸上，也能够直直地伸出，它们可以依靠胡须感知猎物游动时产生的水痕，可以说是"360度无死角"捕捉猎物的踪迹。科学家研究发现，眼睛被蒙住的海狮甚至可以利用胡须区分大小相差不到2厘米的物体。有了这样的本领，海狮每次都能捕获大量鱼类，有时为了帮助消化，它们还会吞食一些小石子。

我们都听说过"刻舟求剑"的故事，不管这个方法管不管用，沉入水底的物品真的还能找回来吗？以前或许不能，但是在科技发达的今天，人们总能想到办法解决。当重要的物品落入海洋，水深较浅时，我们可以找潜水员帮忙。然而当水深超过一定深度，潜水员也无能为力时，我们可以请海洋朋友海狮来帮忙，它们的潜水本领可不容小觑，它们不仅能帮助我们打捞物品，还能进行海底救生，这可太厉害了！

海洋"活化石"——海龟

海龟是一种非常古老的海洋生物，两亿多年前就出现在地球上了，到现在依旧遨游在海洋中。海龟这种物种不仅存在的时间长，本身的寿命也很长，可达100岁以上，在吉尼斯世界纪录中，寿命最长的海龟活了152年。这真令人惊讶，一只海龟居然可以跨越两个世纪。

海龟长得其实和我们熟知的乌龟类似，它有着厚厚的背壳、黄色的腹甲，呈心形的背甲的颜色为橄榄色或棕色，上面还有黄白色的放射纹。海龟的头及四肢是棕褐色的，四肢呈桨状，没有指甲，而且前肢比后肢长，看起来更像鱼鳍，这样的四肢使得它在陆地上爬行比较缓慢，却为它遨游海洋出了不少力。

但是"鱼与熊掌不可兼得"，海龟独特的四肢结构虽然能够帮助它在海洋中更好地游动，却也使它无法将四肢收进壳中，从而丧失了一部分抵御捕食者的能力。因此，为了更好地在海洋中生存，海龟只能不停地游动，靠运动能力来弥补防御能力的缺陷。

海龟终身生活在海洋中，但是它并不会一直藏在海里，因为它不像鱼一样用鳃呼吸，而是用肺呼吸。因此海

龟游着游着，会突然从水下把头伸出来，"吭哧"一声大吸一口新鲜空气，再悠哉游哉地钻回海里。

这种呼吸方式太神奇了，但是这对于海龟来说只是基本操作。海龟在捕捉猎物和逃避追击时需要换气，如果不能及时换气，它可能会被淹死。

海龟还有一项令人赞叹的本领，就是它能够识别自己的出生地，非常厉害！这是因为海龟能够通过地球磁场，以及太阳和其他天体的位置来辨别方向。海龟虽然常年生活在海洋之中，可是一到繁殖季节，即使隔得再远，它也会回到自己出生的地方产卵，看来海龟家的"产房"是可以继承的。

海龟一般选择在夜间产卵，每位海龟妈妈在生产前都会十分警惕，任何风吹草动都会引起它们的警觉，一旦出现异常，它们就会立刻下海。然而，一旦海龟妈妈开始产卵，即使你轻轻拍打它们的龟壳，它们也不会"拉响警报"，而是纹丝不动地待在原地。现在许多海滩都有很多游客，海滩上的人工建筑也变得越来越多，占用了海龟的"产房"，不少海龟会因为无法找到合适的产卵地而选择终生不育。那些幸运的、刚孵出的小海龟也有着自己的执念，那就是一定要回归大海。初生的小海龟非常脆弱，在爬回大海的途中会遇到许多危险，比如海鸟的袭击、恶劣的天气、危险的人类等，因此小海龟的生存率很低，也许一千只小海龟中只有一两只能长成大海龟。

有意思的是，大部分物种的性别是在一开始就决定好的，而海龟的性别却要根据海龟妈妈孵蛋时的温度来决定，如果海龟蛋在28℃以下孵化，孵化出来的几乎都是雄海龟，如果海龟蛋在31℃以上孵化，孵化出来的几乎都是雌海龟，而在这两个温度之间孵化出来的小海龟则既可能是雌海龟也可能是雄海龟，是不是很神奇？

海洋中闪耀的"彩霞"——水母

　　水母是一种非常漂亮的动物，分布在全球各地的海洋中。水母在地球上存在了六亿五千多万年，它们的出现甚至比恐龙还早。水母的身体外形像一把透明伞，因此这部分身体被称为伞状体，伞状体的边缘还有一些须状的触手，就像飘动的丝带，这些触手甚至可以达到 20 ~ 30 米长。水母千姿百态，人们根据伞状体的不同对水母进行了分类，银水母的伞状体会发银光，亮闪闪的；帆水母的伞状体仿佛船上的白帆；僧帽水母的伞状体则像是僧侣的一顶帽子；最好看的是霞水母，它的伞状体上闪耀着彩霞般的光芒。

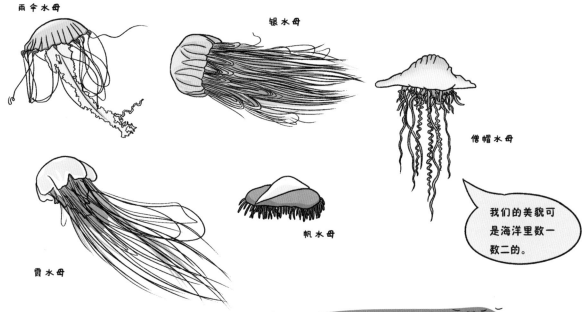

雨伞水母

银水母

僧帽水母

帆水母

霞水母

我们的美貌可是海洋里数一数二的。

　　无论什么种类的水母，它们身体的主要成分都是水，体内的含水量一般可达 98% 以上，可以说水母是名副其实的"水宝宝"。也正是因为体内的含水量特别高，水母可以轻易调节自身的浮力，能够随着水流流动而移动。如果它们需要前往指定的方向，会将体腔内的水流喷出，利用反作用力前进，就像喷射器一样。虽然没有喷射器快，但是水母的行动比喷射器更优雅。

虽然你的速度比我快，但是我的动作更优雅！

水母的身体除了水，还有部分蛋白质和脂质，令人惊讶的是它们没有心脏，没有骨骼，也没有血液，所以大多数水母是半透明的，水里的光可以透过水母的身体。部分水母体内含有一种叫埃奎明的奇妙蛋白质，可以使水母在深海里发光，有的水母会发出微弱的淡绿色光芒，有的水母会发出蓝紫色光芒，还有的水母如彩霞一般……水母在游动时就会变成一个个能够飘动的光球，身后的触手像是系在光球上的彩带。

看到水母软绵绵的外形，不少人可能觉得它们是海洋里的乖宝宝。其实不然，所有水母都是肉食性动物，它们以鱼类和浮游生物为食，甚至会凭借身上发出的光去吸引猎物。触手既是它们的消化器官，也是它们的武器，上面有一种名为刺细胞的特殊细胞。在遇上猎物时，水母首先释放毒液，将猎物麻痹或者毒死，然后用触手将这些已经"晕倒"的猎物紧紧抓住，将猎物送到伞状体下。伞状体下的息肉能够分泌相应的酶，迅速地将猎物体内的蛋白质分解，方便吃掉。我们不仅不能被人的表象所迷惑，也不能被水母美丽的外表所迷惑呀！

不仅如此，水母在捕食猎物时还会请来自己的帮手——小牧鱼。小牧鱼，"鱼如其名"，非常小，体长不到7厘米，也正是因为如此它们行动灵活，可以随意地在水母的触手之间游动，能够巧妙地避开水母触手上的刺细胞。当敌人游来时，小牧鱼就会游到水母触手的间隙中去，刺细胞的存在让小牧鱼的敌人难以进攻，这里就成了它们安全的"避难所"。不仅如此，小牧鱼有时还会将一些鱼引诱进水母的狩猎范围，这样既解决了水母的食物问题，小牧鱼还能吃到一些残渣碎片，两者互相帮助，互利共生。

此龙虾非彼龙虾——波士顿龙虾

波士顿龙虾其实并不是龙虾，它还有另外一个名称叫美洲螯龙虾，是一种海螯虾科螯龙虾属的节肢动物。和真正的龙虾不同，它的触须小而短，而且很细，它还长有两个硕大、肉质丰厚的前螯，也就是我们常说的"钳子"。波士顿龙虾前螯的质量约占体重的15%，这使得它成为最重的海洋甲壳类生物之一。

其实波士顿龙虾身上的秘密可不止"它不是龙虾"这一个，它的名称也有一个新奇的秘密。波士顿其实并不产龙虾，这种螯龙虾主要产自美国和加拿大之间的一个半封闭海——缅因湾，由于美国空运至亚洲的龙虾多在波士顿机场发运，贴有"源自波士顿"的标签，因此亚洲人普遍称来自美国的龙虾为波士顿龙虾。再后来，所有来自北美洲的龙虾被人们统称为波士顿龙虾。

波士顿龙虾的外表很光滑，有着美丽的花纹，常见的体色是红褐色、绿褐色及橘色，甚至还有黑色的。但是神奇的海洋总是藏着各种秘密，蓝色波士顿龙虾出现的概率二百万分之一，而黄色波士顿龙虾这种变异的个体更是罕见，出现的概率约三千万分之一。

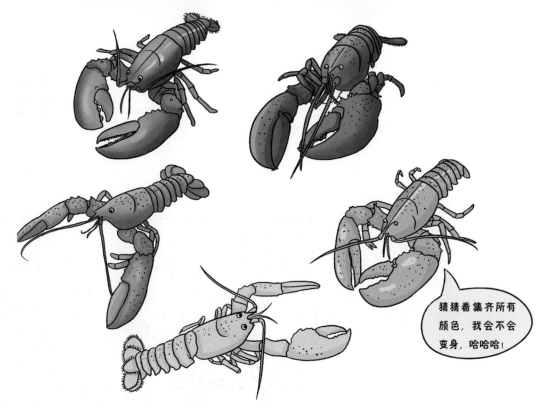

波士顿龙虾生活在海面之下 600 ~ 700 米的海域，那里的海水寒冷而纯净，为它们提供了不错的生存环境。但是它们的生长速度特别缓慢，可能 7 ~ 10 年才能长 0.5 千克左右，一只约 6 千克的波士顿龙虾相当于生长了近百年，因此波士顿龙虾又被称为"百年龙虾"。那么在漫长的生长岁月里，它们都吃些什么呢？波士顿龙虾常常以鱼

类、贝类、其他小型甲壳类和无脊椎动物为食，偶尔也会吃海中的植物。

但是波士顿龙虾被人们所熟知，还因为它是餐桌上的一道美食。寒冷的生存环境对它们来说算不上恶劣，也正是因为这样极致的环境，使得它们富含蛋白质。它们还富含维生素 A、C、D 及钙、钠、钾等微量元素，这些营养物质容易被人体消化和吸收。而且它们的肉质嫩滑细致，味道鲜美，令人垂涎。

蟹类中的游泳健将——梭子蟹

梭子蟹是市场上最常见的海蟹，由于它的蟹壳向左右两侧延伸，呈刺状，就像以前织布用的梭子，因此而得名。它还是目前已知第一种载入史册的螃蟹，《周礼·天官·庖人注》里记载的"青州之蟹胥"指的就是梭子蟹。

梭子蟹具有长而发达的螯足，为了保护自身，它的身体颜色会随着环境的改变而改变，比如在砂质海底的梭子蟹，身体颜色多为淡青色；在礁石或海草之间的梭子蟹，身体颜色多为茶色。这是一种类似于变色龙的能力，既可以降低被敌人发现的概率，又可以更好地捕捉猎物。梭子蟹是一种杂食性的螃蟹，喜欢吃贝类、小鱼虾、海藻等，经常在夜晚出去觅食。

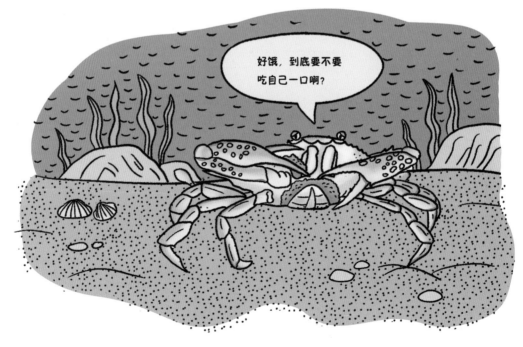

梭子蟹还是个"吃货"，环境温度超过10℃的时候，它的肠胃常常处于饱满或者半饱满的状态，环境温度在20℃以上时，它一夜就能吞下好几个螺。梭子蟹会将摄入的养分储存到肝脏中，然后在冬季使用早就预备好的养分。但是环境温度一旦低于10℃，梭子蟹就像变了个"人"一般，几乎不吃东西。如果环境温度下降到2～5℃，它们可以数月不吃不喝也不会死亡。更奇怪的是，在极度缺乏食物摄入的情况下，雌性的梭子蟹居然可以用钳子从自己的肚子里掏出卵来充饥，简直匪夷所思！

对于大多数的螃蟹而言，游泳和步行很难兼得。一是由于蟹体横向发展，蟹壳大而笨拙；二是腹部的力量太弱，使得它们很难在水中游动。但是梭子蟹不同，它们可是螃蟹中的游泳健将，它们的第四对步足演化成了游泳足，掌节与指节的形状就和船桨一样。同时，它们的身体内部有一个巨大的空腔，里面充满了强大的肌肉，可以为它们提供动力。当梭子蟹在水中游动时，蟹体向前下方倾斜，游泳足在后方快速摆动，借着水流的力量前进。

还有一个有趣的现象，即梭子蟹会"换衣服"。在整个生命过程中，它们会经历许多次蜕皮，代谢能力越强，蜕皮的次数也就越多。但是"换衣服"也是要付出一定代价的，梭子蟹在蜕皮时不会动，也不会吃东西，完全失去了防御能力，如果此时被敌人发现，就很有可能被吃掉。因此蜕皮是它们的"蟹生"中十分重要的时刻，它们一般会选择一个安全的地方蜕皮。

刺身之王——金枪鱼

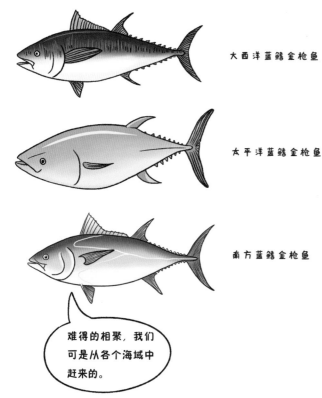

大西洋蓝鳍金枪鱼

太平洋蓝鳍金枪鱼

南方蓝鳍金枪鱼

难得的相聚，我们可是从各个海域中赶来的。

说起金枪鱼，大家肯定会联想到生鱼片、刺身、寿司和罐头。金枪鱼作为一种深海鱼类，有着很高的营养价值，被誉为"海洋黄金"。不过，尝过不等于知道，金枪鱼身上还有许多有趣的故事。

金枪鱼又叫吞拿鱼，其实它指的是一类鱼，并不是特指某一种鱼，金枪鱼有八大品种：大西洋蓝鳍金枪鱼、太平洋蓝鳍金枪鱼、南方蓝鳍金枪鱼、大眼金枪鱼、长鳍金枪鱼、黄鳍金枪鱼、黑鳍金枪鱼、长尾金枪鱼，它们分布在不同的海域。金枪鱼长得胖胖的，有着粗壮的腰身，看起来像颗鱼雷。金枪鱼的整个身体呈流线型，靠近尾巴的部分逐渐变细，尾鳍是叉状或新月形。

金枪鱼的生活习性也非常有趣，它是游动速度最快的海洋动物之一，基本上只有鲨鱼和海豚能与之相提并论。金枪鱼全速游动时，速度一般为每小时 60 ~ 80 千米，最高的瞬间速度高达每小时 160 千米。

金枪鱼不仅游泳速度快，而且游得远，人们曾经在日本近海发现过从美国加利福尼亚州附近海域游过去的金枪鱼。由于鳃肌的退化，为了获得充足的氧气，金枪鱼必须不停地在水中游泳，以使更多的新鲜水流流过鳃部。它们只能用这种方式来维持自己的生命，如果不继续游泳，就会因为缺氧而窒息死去。

快速游动能让金枪鱼的肌肉剧烈收缩，使它们的新陈代谢增强，这与其他深海鱼不同。同时，金枪鱼不是冷血动物，而是温血动物，其体内血液的温度比周围海水的温度要高出约9℃，是所有鱼类中血红素含量最多的一种。这项生理功能使金枪鱼能够适应较大范围的水温，因此它们可以在寒冷的深海中生存，可以在不同的海域畅游，是真正的"无国界鱼"。

与其他鱼类相比，可能只有金枪鱼是会被人类根据身体的不同部分来取食的海洋鱼类。它的体形比较大，一般可以分为红肉和脂肉。红肉在金枪鱼背部，含有丰富的血红素，瘦肉也比较多，也被称为"赤身"。脂肉主要位于金枪鱼腹部，这里油脂含量较高且具有丰富的营养，口感滑嫩。从金枪鱼的头部至尾部，脂肉分别称为"大腹""中腹"，从大腹到中腹肉质颜色由深变浅，油脂含量由低至高，营养价值也逐渐变高，所以可别嫌弃金枪鱼的"小肚腩"，这是它全身价值最高的部位。

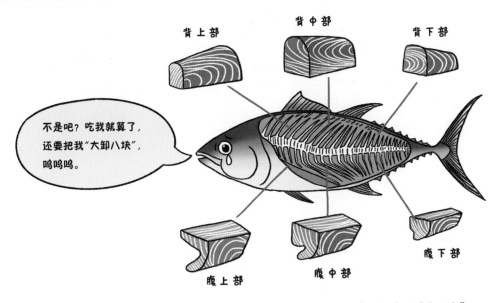

第二章　认识但不了解的海洋朋友

海洋中的五角星——海星

还记得《海绵宝宝》里那个憨憨的派大星吗？它的原型就是海洋中的五角星——海星。海星是一种棘皮动物，其表皮具有很多突出的棘和刺，非常粗糙。目前世界上已知的海星种类有 1600 多种，它们的形态大小不一，小的只有 2 ~ 5 厘米，大的可以达到 90 厘米；它们的体色也五颜六色，常见的有红色、紫色、黄色、橘黄色和青色等，为海底增添了不同的色彩。

只要仔细寻找，在砂质海底、软泥海底、珊瑚礁及各种深度的海洋中都能发现海星的身影。因为海星用皮鳃呼吸，身体内的渗透压与海水接近，所以它们只能在海水环境中生存，一旦离开海水 10 ~ 20 分钟，它们会因呼吸困难而死亡。

还是海底舒服，不要随便上岸哦！

虽然海星的表皮有很多棘和刺，但是它看起来是那么美丽，那么温顺。它平时应该就是吃海藻或者浮游生物来维持生命的吧！如果你这么想，那可就大错特错了，海星不但是肉食性动物，还非常凶猛。那海星是怎么吃东西的呢？原来啊，海星有两个胃，一个胃负责吞掉食物，另一个胃负责消化。

从海星身体里长出的五个角叫作腕，当它接近猎物时，会用腕抓住猎物，然后用整个身体包裹住猎物，再把自己的胃从口中吐出来，迅速地将胃里的消化酶释放到猎物身上，等到猎物溶解后，再把猎物吸食进去。这种体外消化的技能可以帮助海星吃掉比自己大很多倍的食物。

别看海星这么凶猛，它却是海洋里的"双无生物"——没有大脑，也没有复杂的眼睛。它通过神经系统来控制自身的行动，如果有一条腕上的传感神经检测到了食物，那么这条腕就会成为主导腕，并且可以控制身体的其他部分。

不仅如此，海星还依靠腕来识别方向，腕足的末端有一个红色的眼点，由很多只单眼构成，可以算是海星的眼睛，一般情况下会有五只单眼。尽管有五只甚至更多的单眼，海星却依旧看不清楚，甚至分不清颜色，只对光线比较敏感。海星一般有负趋光性，它不太喜欢光，更喜欢生活在比较昏暗的地方。

海星还是海洋中身怀绝技的动物之一，它的生存之道令人啧啧称奇。

技能一：海星有着高超的再生技能，遇到强大的敌人时，它会立即断腕逃跑，绝不顽强抵抗。神奇的是，

这是一个温柔又残忍的拥抱。

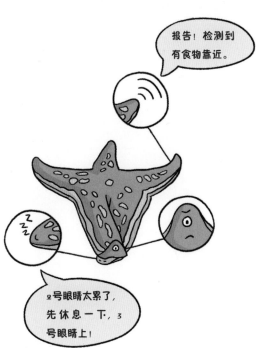

报告！检测到有食物靠近。

2号眼睛太累了，先休息一下，3号眼睛上！

茫茫大海，我要去哪里找我的爸爸妈妈啊？

断腕的地方不久之后就会长成新的海星，甚至腕被分成了几段，每段也能长成新的海星，这可谓"海底分身术"啊！

技能二：海星之间并不需要"谈恋爱"，甚至彼此间可能连面都没见过，就能孕育后代。因为海星的繁殖方式很特别，雄性海星和雌性海星分别将精细胞与卵细胞排放在海水中，一旦二者相遇并且结合，就有机会孕育新的小海星。

海洋里的"慈父"——海马

海马不是海洋里的马，而是货真价实的鱼，因为头部形似马面而得名，只是体形比较小，它的体长只有 5～30 厘米。它的吻部长长的，向前伸展，它的脑袋有点扁，头每侧有两个鼻孔，由于嘴巴不能张开和闭合，因此只能以吸食水中的浮游生物为生。

海马还是一种很懒的动物，用"宅"这个字来形容也不为过。它们一般在海草和珊瑚周围几平方米的范围内活动，以毫不起眼的浮游生物为食。有的海马从出生开始就一直生活在这里，直到死亡。

在动物界，基本是由雌性生物怀孕分娩，繁育后代，但是海马不一样，它是一种由雄性育儿的物种。海马爸爸的腹部有一个类似袋鼠育儿袋的育子囊，

每年的 5 月至 8 月是海马的繁殖期，海马妈妈会在这段时间将卵细胞产在海马爸爸的育子囊中，海马爸爸的育子囊只是起到了孵化器的作用，50～60 天后，小海马就会从海马爸爸的育子囊中弹出来，特别神奇。

海马除了是目前地球上唯一一种由雄性繁育后代的物种，还是目前地球上唯一直立游泳的鱼类。它依靠背鳍和胸鳍产生直立游泳的动力，以悠闲的姿态在水中自由地游动，给人一种在水里散步或舞蹈的错觉。

由于缺乏尾鳍，再加上竖直的身体外形，使得海马成为地球上行动最慢的鱼类，它们游不快，海洋里波涛汹涌，一不小心就会把它们卷走，因此它们会像海草一样，将卷曲的尾巴系在海底，防止被激流冲走。

游泳太慢可不是一件好事，因此海马成了海洋中的"弱势群体"，很容易被其他海洋动物捕食或者误食。好在海马已经掌握了一种"伪装术"，它们能够根据环境的变化，利用自身的体色将自己伪装成珊瑚，还能够用尾巴牢牢地抓住珊瑚的枝节或者海藻的叶片，将自己固定住，仿佛它们本来就在那里一样，以此来躲避敌人的攻击。

海洋里的"发量王者"——海獭

海獭，也被称为海虎，是海洋中的一种哺乳动物。但是相对于鲸鱼等其他海洋哺乳动物来说，海獭只能算是"小个子"，它的体长一般为 130 ~ 150 厘米，体重约 30 ~ 50 千克，尾长约 30 ~ 40 厘米，雄性略大于雌性。海獭长着小小的脑袋、小小的耳朵和圆滚滚的躯体，有一条又长又扁的尾巴，游泳的时候尾巴还可以当舵使，甚至帮助它们在水中做出非常华丽的转身，十分有趣。不过它们并不喜欢游泳，一般不会大范围游动。和其他海洋生物相比，海獭的移动速度并不快，每小时仅移动 10 ~ 15 千米。

海獭喜欢群居生活，经常有数十只或数百只海獭在海里嬉戏、觅食。夜晚，有时候它们会在礁石上睡觉，但是更多时候它们会躺在海面的海藻上休息。你可别小瞧了海獭，它们的生活远不止玩耍，它们对海洋的作用大着呢！研究表明，有海獭生活的地方海藻会生长得更加茂盛，这是因为它们在海洋中寻找食物时会轻柔地翻滚，这个动作可以带动海藻等植物的飘动，会促进植物结籽，更重要的是，它们的挖掘行为能为植物种子带来更多的空间和发芽的机会，以及更多的阳光。

海獭还有一个令人类都羡慕的特点，就是它的毛发非常茂盛。它是目前世界上毛发最厚的动物，也是哺乳动物中毛发密度最高的动物，一个指甲盖大小的表皮上大约有 10 万 ~ 40 万根毛发。这一身蓬松的毛发要求它花费许多时间去梳理、舔舐，看似"臭美"的行为其实关系到它的生存。如果毛发脏乱，海水会直接浸透它的皮肤，它体内的热量

会迅速流失，从而危及生命。如果你看到海獭用手捂住了眼睛，那并不是它在害羞，而是它感觉手心很冷，因为它的手心没有毛发，而眼睛却很暖和。

海獭的毛发除了在海洋中觅食时起到保暖作用，在它浮出海面时更有妙用，成年的海獭会将分泌的油脂精心涂抹在自己的毛发上，使毛发获得更好的防水性能。这一身"防水服"正是海獭可以轻松地在海面上仰泳的一个主要原因。由于小海獭还不能分泌这种油脂，所以如果小海獭掉到海水中，情况就会变得有些糟糕，因此我们常常能够看见海獭妈妈抱着小海獭在海面上漂浮。

海獭还有一项特殊的本领，就是可以使用一块石头砸开贝壳，自然界中像它这样会使用工具的动物是很少的，因此这项技能在其他动物眼里是非常厉害的。

海獭之所以能够"握住"石头，并不是因为它有灵活的手掌，真正"握住"石头的是它的手腕。海獭的手腕和手掌都有厚厚的肉垫，能够帮助它完成抓握的动作。此外，如果它在敲贝壳的过程中找到了一块很好用的石头，那么它会把这块石头当作"餐具"好好地保存起来，在之后每次进餐的时候，就用这块石头来"开罐头"。

海底的"刺猬"——海胆

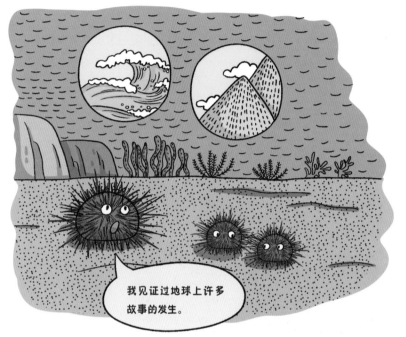

我见证过地球上许多故事的发生。

有一类海洋生物已经灭绝了7000多种,你可能认为它已经是濒危类群了吧!但是,这种生物仍然是地球上数量最多、种类最丰富的海洋生物之一,你能猜到它是什么吗?嘿嘿,它的名字叫作海胆。

海胆分布广泛,人们既可以在海岸边发现它,也可以在几千米深的海底发现它。科学家的研究发现,海胆是地球上现存最古老的生物之一,甚至在上亿年前就已经存在了。在这么长的时间里,海胆到底发展了多少个种类,人类到现在为止也没有一个准确的数字。

如果只从外形上来看,不认识海胆的人看到它时可能不会把它当作一种动物,而是会把它当作一种植物。实际上,海胆和海星一样,都是棘皮动物,是一种主要生活在浅海的无脊椎动物。海胆长得像一个球,不过也有长得像盘子和心形的。与海星不一样,海胆没有腕,内骨骼相互愈合,形成坚硬的外壳,同时它的身上布满了尖刺。外壳之下有着一套非常精密的咀嚼器官,能够帮助它进食。

妈妈你看,我把海胆捧在手心了,它的刺不扎人!

许多年前,亚里士多德就在《动物志》中对海胆这套精密的咀嚼器官进行了介绍,咀嚼器官还因为外形而收获了一个特别有趣的名称——亚里士多德提灯。咀嚼器官上长着五个齿,通常海胆的齿是露在外面的,偶尔海胆也会把咀嚼器官伸出来。

浑身长满刺的海胆让人不敢轻易上手触摸,有的海胆刺上有毒,确实不能摸;不过我们熟悉的可以食用的海胆是没有毒的,放在手心时会使人产生酥酥麻麻的感觉，只要不用力捏它，我们就不会受伤。

　　虽然看起来凶神恶煞，十分不好惹，但是大部分海胆其实很"怂"，特别是那些无毒的海胆，它们天性胆小，只要见到对手就会"落荒而逃"。可是海胆却无法快速地移动，这实在是让它们"头痛"。其实也怪海胆自己平时不爱运动，它们的运动常常只与进食有关。周围有足够丰富的食物时，海胆几乎不会移动，或者一天仅仅移动几厘米。如果周围的食物不够多，或者受到了环境威胁，它们一天也只会移动50厘米左右。

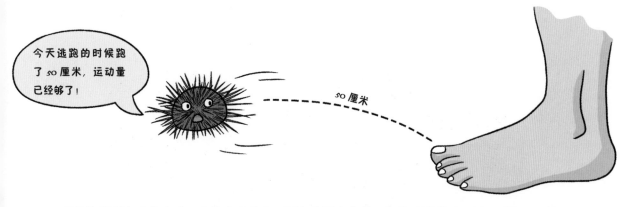

　　尽管海胆看上去像个球，它其实也是有正面和背面之分的。靠着地面的那一侧，叫作"口面"，因为它的嘴巴长在这里。朝着天空的那一侧，叫作"反口面"，实际上是海胆的"屁股"。所以有人说海胆走路时是"屁股朝天"，这可真好玩儿。退潮的时候，海水会变浅，海胆能够感受到海浪的起伏，它们会有一个小小的"仪式"——调整刺的方向，全部指向上方，蔚为壮观。

　　你知道死去的海胆长什么样子吗？将没有刺的海胆拿到你面前，你还认识它吗？掉光了刺的海胆空壳露出了各种各样的颜色和纹路，其实是非常好的自然收集物，和美丽的贝壳、海星不相上下呢！

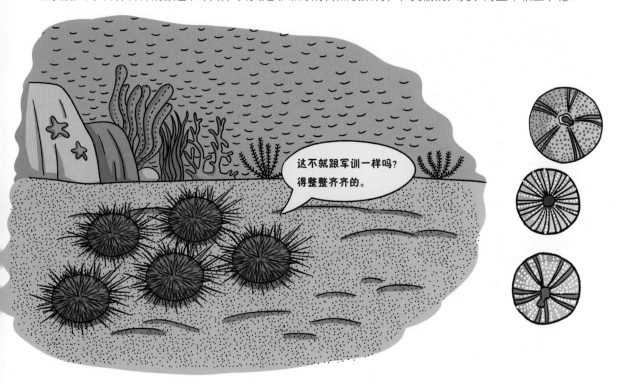

身体不对称的鱼类——比目鱼

你听说过两只眼睛长在同一侧的动物吗？通常情况下，动物的眼睛位于左右两侧，相互对称。但是有一种海洋生物与众不同，它的两只眼睛居然位于脑袋的同一侧，这可太奇怪了。这种鱼叫作比目鱼，具有独特的不对称身体结构。

我可不是怪物，我就长这样。

这是左眼移动的路线，可不能走错了。

在海洋中，比目鱼的个头并不大，它的身体扁扁的，有的是长椭圆形，有的是长舌形，最大的比目鱼体长为 5 米左右。比目鱼的身上布满了细密的鳞片，它的背鳍从头部一直延伸到尾部。比目鱼通过长长的背鳍和尾鳍的摆动来实现缓慢移动。除了双眼，它的身体也是不对称的，比目鱼的两只眼睛都在朝着上方的身体一侧，这一侧多为棕褐色，常常带有橙色的斑点，能够与海底的环境融合，不容易被天敌发现。而朝下的身体一侧因为没有色素，所以是白色的。

但是，比目鱼的两只眼睛并不是天生就长在同一侧的。刚刚孵化出来的小比目鱼长得和它们的父母并不像，反而更像普通鱼类，两只眼睛对称分布于头部的两侧，嘴巴也在头部的正中间。可是大约 20 天后，小比目鱼的形态就会发生变化。

这时候，奇怪的事情发生了。比目鱼某侧的眼睛开始"搬家"，这只眼睛会从头部的上端向另一侧移动，直至靠近另外一只眼睛时才会停止移动，同时，它的嘴巴也会变形，变得扭曲。比目鱼的头骨由软骨组成，当它的眼睛开始移动时，两只眼睛之间的软骨会被身体吸收，这样一来，眼睛在"搬家"时就没有阻碍了。

有意思的是，不同种类的比目鱼的眼睛"搬家"方法和路线都不一样，每种比目鱼都有自己的那一套。眼睛的移动会让比目鱼的体内结构和器官发生变化，它们不再像之前那样漂浮在海面上，成年的比目鱼大部分时间躺在海底。

比目鱼的生活习性也非常有趣。小比目鱼的眼睛是长在身体两侧的，可以正视前方的路，所以小比目鱼能和普通鱼类一样正着身子往前游，能够"走直线"，但是成年的比目鱼只能用没有眼睛的那一侧朝下，侧躺在海底。因此在海底游动时，它不再像之前那样脊背朝上，而是侧着身子行动。当比目鱼躺在海底时，会在身体上覆盖一层沙子，把自己藏起来，并像变色龙一样，随着环境改变身上的颜色，只露出两只眼睛来观察四周，以此躲避天敌或伺机捕猎。如此一来，比目鱼两只眼睛在同一侧的优势就体现出来了，它的眼睛能够拥有更广阔的视线范围，可以把"观察"二字发挥到极致，使它更容易发现猎物，也更容易避开捕食者。

比目鱼还是一种非常重要的经济鱼类。我国黄海、渤海等地的渔民会在恰当的时机捕捞一些比目鱼来获取收益。新鲜的比目鱼会被做成餐桌上的美味，或者被制成罐头，比目鱼的肝脏还可以提炼鱼肝油。

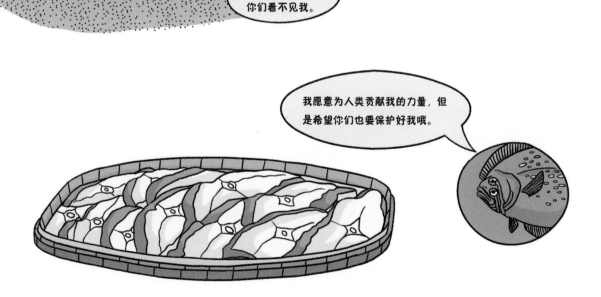

我要藏起来，让你们看不见我。

我愿意为人类贡献我的力量，但是希望你们也要保护好我哦。

明明不丑的海底"萌物"——小丑鱼

大家还记得《海底总动员》里的尼莫吗？它是一条小丑鱼。小丑鱼是对雀鲷科海葵鱼亚科鱼类的俗称。但是为什么明明这么萌，这么漂亮的小鱼，却要叫它小丑鱼呢？其实这个名称的由来非常有文化内涵，因为小丑鱼与中国戏剧中的丑角非常相似，脸上都有一条或两条白色条纹，所以才会被称作小丑鱼。

小丑鱼的外形小巧可爱，最大的小丑鱼体长也不过十几厘米。别看它们这么可爱，它们之间也是有强弱之争的。强壮的小丑鱼会从高处俯视下方，头向下不停地抖动，这是示威的表现；相对弱势的小丑鱼则会仰视强者，头向上抖动，这是示弱的表现。如果你看见两条小丑鱼正在面对面互相抖动头部，那可得离它们远一些，因为这可能是它们要打架的表现。

在海洋中，小丑鱼有着一位密不可分的好友，叫作海葵，它们是共生关系，因此小丑鱼也被称为海葵鱼。小丑鱼的表皮有一层特殊的黏液，可以让它们不受海葵刺细胞分泌的毒液的影响，因此小丑鱼可以自由地穿梭于海葵之间。也正是因为这样，海葵可以保护小丑鱼不被其他大鱼攻击。

对于海葵来说，它可以利用小丑鱼吸引其他鱼类，增加捕食的机会，改善自己的"伙食"，并且

我们是最好的朋友！

小丑鱼还是海葵的"清洁工"，可以除去海葵的坏死组织及寄生虫。同时，小丑鱼可以通过在海葵间的游动，提高自己与海葵触手的摩擦频率，顺便"打扫"自己身上的寄生虫。

小丑鱼会在海葵附近的岩石中筑巢、产卵，完成许多"鱼生大事"。卵孵化后，幼鱼会在水层里生活一段时间，然后寻找适合自己生活的海葵群，只有在相互适应之后，小丑鱼和海葵才能共同生活。要知道，小丑鱼并不能生活在任何一种海葵中，对于它们双方来说，共生并不意味着随便就能"搭伙"。当然，如果没有海葵，小丑鱼也能生存，只是缺乏保护罢了。

生活在同一海葵群的小丑鱼有着严格的等级差别，同时遵循一夫一妻制。更神奇的是，如果一对小丑鱼夫妇中的雌性小丑鱼死掉了，雄性小丑鱼会因为"伤心过度"而开始慢慢转变自己的性别，直到变成一条雌性小丑鱼。小丑鱼虽然可以改变性别，但是这种变化一旦发生就是不可逆转的，由雄性变成雌性后就不能再变回来了。大海里的生物可真让人捉摸不定。

在产卵期，由于雌性小丑鱼产卵的过程并不是很快，所以雄性小丑鱼一定会在一旁保护它的妻子，警惕敌人，同时防止海流的冲击。产卵完毕后，根据温度的不同，这些鱼卵会在 6 ~ 8 天内完成胚胎发育。照顾鱼卵的过程完全由雄性小丑鱼进行，雌性小丑鱼也不会走开，但是只负责监督，并不会参与照顾鱼卵的过程。等到孵化完成后，小丑鱼的幼鱼会直接散布到海洋中，自由生长 10 ~ 15 天后返回，然后开始选择适合它们自己成长的海葵群。

怎么这么久还没生产完啊？真让鱼着急！

海洋中的"伪装高手"——蝴蝶鱼

蝴蝶鱼是一种小型的珊瑚礁鱼类，通常生活在热带和亚热带的海域之中。它的颜色美丽而绚烂，且胸鳍十分发达，游泳时的姿势非常像一只飞舞的蝴蝶，因此人们把它称作蝴蝶鱼。

蝴蝶鱼的身体扁扁的，特别适合在珊瑚礁间游走，可以灵活地钻入珊瑚礁或礁石间，仿佛在跟你玩躲猫猫，总是让你抓不住它。蝴蝶鱼的捕猎方式很奇特，如果有小飞虫靠近海面被它发现，那可就惨了，蝴蝶鱼可以从水中跳出来扑向猎物。

不止这样，蝴蝶鱼对生活水域的水质有一定的要求，如果在某片海域发现了蝴蝶鱼的踪迹，那么意味着这里的生态环境很好。

蝴蝶鱼的背鳍后部，即身体与尾部的交界处有一个像眼睛一样的黑色斑块，叫作"假眼"。"假眼"的位置与蝴蝶鱼头部的眼睛对称，它真正的眼睛隐藏在头部的黑色条纹之中。这是蝴蝶鱼的障眼法，它想要诱使敌人把它的尾巴当作脑袋。如果不仔细观察，敌人会很容易把它的"假眼"看成真的眼睛。当敌人被骗，向着蝴蝶鱼发起攻击时，可想不到这其实是蝴蝶鱼的尾巴！

这时候，蝴蝶鱼就会快速逃走，这种高级技能被人们称作"假眼欺敌"。

蝴蝶鱼除了可以利用"假眼"来迷惑敌人，还能变色伪装。这是一种适应环境的本领，和变色龙类似，其艳丽的体色可以随着周围环境的改变而改变。蝴蝶鱼的体表有许多色素细胞，受神经系统的支配，这些色素细胞会伸展或缩小，使得它们的身体表面可以呈现不同的颜色。有的蝴蝶鱼需要几分钟才能改变体色，有的蝴蝶鱼却只需要数秒就可以完成"变装"。

蝴蝶鱼栖息于美丽的珊瑚礁之中，它们和小丑鱼一样，遵循一夫一妻制，成双成对地组成家

庭生活在一起，总是一起在珊瑚礁中嬉戏，领地意识和社会性都非常强。当其中一条蝴蝶鱼进食时，另一条就会在一旁警戒，守护着自己的另一半。

蝴蝶鱼的求偶过程也比较特别，体形较大的雄性蝴蝶鱼会展示自己的魅力，引诱雌性蝴蝶鱼离开海底，然后雄性蝴蝶鱼会用头部触碰雌性蝴蝶鱼的肚子，成功配对后它们一起游向海面，同时排出精细胞和卵细胞，接着返回海底。雌性蝴蝶鱼的卵细胞在受精以后，大概一天半就可以孵化出鱼宝宝。

海洋边缘的森林——红树林

我们的海洋朋友不仅有海洋中的动物，也有海洋中的那些植物。正是因为这些动植物朋友的存在，我们才能见识到大海无与伦比的美。植物朋友中有个大家伙叫红树林，是由许多红树科的植物组成的，主要有木榄、秋茄、海莲、红树等。听起来有些陌生对吗？其实这些植物的起源与陆地上的植物没有什么区别，但是在漫长的岁月中，它们生长在海洋的边缘，又经历了长久的演化，最终在海洋的边缘扎根。

那到底为什么叫红树林呢？原来啊，是因为组成红树林的这些植物的枝干中含有一种叫"单宁酸"的物质，如果剥下树皮，暴露在空气中的单宁酸会迅速氧化成红色，所以大家就管它们叫红树林啦！

啊，我流血了！

红树林左手拉着陆地，右手拉着海洋，生活在海陆相接的地带，就像妈妈保护自己的孩子一样，守护着这里。涨潮时，海水几乎能够将整个红树林的树干淹没，仅有树冠露在外面，看起来像是一座海上的绿岛。退潮时，生活在红树林中的大量生物，如鱼、虾、蟹、其他浮游生物及飞禽等，就都出来"散步"了，这时候的红树林就像傍晚的广场一样热闹。

炎炎夏日，一片一片的红树林驻守在海边，仿佛天然的"空调"一般，使这里变得凉爽起来。随着潮水的涨退和海浪的起伏，许多生物以红树林为中间站，完成了陆地和海洋之间物质与能量的交换。

红树林虽然属于植物，却有"胎生"的习性。红树林里的植物在春季和秋季完成开花与结果后，它们的果实并不会马上落到地上，而是会继续在母树上生长，慢慢长出胚轴，直到胚轴完全成熟后才会脱离母树，洒落到地上，在合适的条件下生根发芽。

这种生长环境也使红树林的根系实现了异乎寻常的发展。生长着红树林的海岸往往有很大的风浪，周围的土壤松软且为厌氧环境，所以红树林为了能够更好地扎根于此，生长出了不同功能的根。红树林的树干长出的"支柱根"紧紧地抓住地面，像"定海神针"一般，让红树林可以抵御海浪的冲击，在风浪中依旧坚挺。为了获得充足的氧分，红树林"绞尽脑汁"地将部分根系暴露在外，向上生长，形成"呼吸根"。红树林的这些呼吸根上有粗大的皮孔，并且内部有海绵状的通气组织，可以提升氧分和水分的传输效率，让红树林得以生存。

为自己"代盐"，是红树林的另一个"绝招"。通常情况下，大部分植物是依靠淡水为生的，而红树林则是在含盐度很高的海水和海滩里生存的。想要生存下来，红树林就必须学会排除枝干内的盐分。大部分红树林具有"拒盐"能力，其特殊的"半透膜"系统可以有效地将盐分从海水中分离出去，从而吸收剩下的淡水。另外，红树林还能利用叶子的分泌腺将枝干内含有盐分的体液排泄出去。在水分蒸发之后，叶子表面会留下一层白色的盐晶。正是这种神奇的求生"绝技"，使红树林在经历了风吹雨打之后依然挺拔，茁壮成长。

海洋之肺——海草

大家应该知道海草是什么东西，但是你真的了解海草这种植物吗？说出来你肯定不信，在大约一亿年前，海草还是陆生植物，经过漫长的演化才变成了我们现在所了解的样子。人们常将它与海藻混为一谈，区别在于，海草能开花，而且是目前地球上唯一一类能在海洋中生长的显花植物。在海洋中，海草的根状茎生长得很好，其根部的稳固性非常好，它的叶片柔软，呈带状，位于叶丛的下部，花蕊高于花瓣，这些结构都是为了能更好地在海洋中生存。

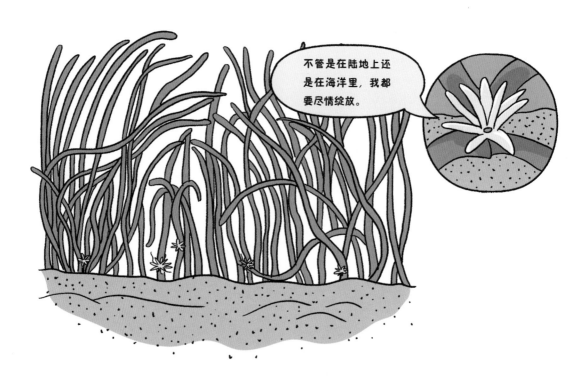

与陆地上的植物一样，海草也需要"晒太阳"，需要通过光合作用获取自己生长所需的能量。与此同时，海草会吸收二氧化碳并释放氧气，并且释放的氧气量十分惊人。海草生长的区域仅占海底面积的约 0.1%，但是它们却储存了海洋中超过 10% 的碳。

据海洋生物学家统计，海草每年会吸收约 2740 万吨的二氧化碳，将其转化成有机物并储存起来，形成独一无二的"海洋碳库"。这些数据都在告诉我们海草对于海洋生态环境的重要性，所以，海草又被誉为"海洋之肺"。

海草不仅能够吸收二氧化碳，在海流的冲击下，大面积的海草还能连成一片，形成"海草床"。因为海草床中藏着大量的腐殖质，并且能够减缓海流流速，将沉积物和养分从海流中分离出来，所以

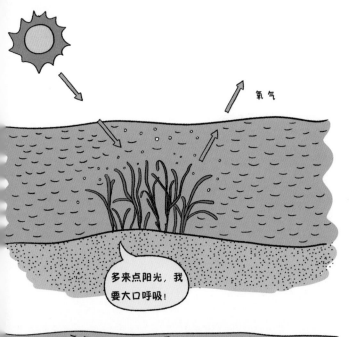

很多海洋生物会"慕名而来"，甚至在此生活、安家，将这里当成它们重要的居住地和繁殖所。安全地抚养后代是这个星球上所有生物得以延续的关键，如果海草床被毁，以海草为食的海洋生物就难以存活，居住在此的海洋生物也会受到影响，说不定还会有灭顶之灾。

对于海洋生物而言，海草除了能够通过减缓海流流速来使颗粒物质沉降，还能够将来自陆地的污染物质过滤掉。海草在净化海水和稳固沉积物方面扮演着重要的角色，没有了海草，海底中的淤泥和其他沉积物就会经常受到海风或海流的影响，搅成浑水，从而极大地降低海水的能见度。

同时，海草所能产生的生态效益并不局限在海洋中，它还能吸收海浪的一部分能量，减轻风暴潮和飓风引起的陆地洪涝灾害。海草甚至可以在一定程度上应对难以预料的、极端的气候变化，增强海岸的抵御能力，保证沿海地区的安全。

海洋里的宝石——珊瑚

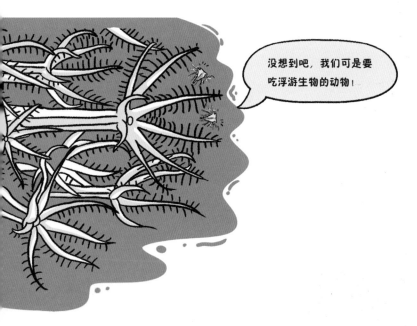

没想到吧，我们可是要吃浮游生物的动物！

说起珊瑚，人们都觉得它们形态各异，色泽美丽。珊瑚在沿海一带很常见，古时候描写它的诗句也很多，有不少人喜欢叫它"海石花"。那么，珊瑚究竟是石头还是花呢？实际上，珊瑚既不是石头，也不是花。从生物学角度出发，珊瑚其实是一种低等动物，它在地球上存在了很久，大约有五亿年的历史，是世界上存在的最早的海洋生物之一。珊瑚是由无数的珊瑚虫聚合形成的，这些珊瑚虫非常小，通常仅有几毫米。

别看珊瑚虫小，它可是一种具有内外两个胚层的腔肠动物，类似一个双层的袋子。它只有嘴巴，食物通过嘴巴进去，消化的残渣也通过嘴巴排出。更令人惊讶的是，它是要吃浮游生物的，珊瑚虫的嘴巴周围有很多触手，过去人们还把这些触手当成珊瑚的花瓣，实际上这些触手可以抓取食物，并通过震动将海水引入嘴巴和腔肠，然后将抓取到的生物消化掉。

珊瑚是群居动物，那组成珊瑚的珊瑚虫还有哪些秘密呢？珊瑚虫十分娇气，只能生活在全年水温保持在 22 ~ 28℃的水域，且水质必须洁净、透明度高，阳光照射充足，退潮时也不能长时间暴露在水面之上。只有满足这些苛刻的条件，珊瑚虫才能大规模生长，形成珊瑚，组成珊瑚礁。

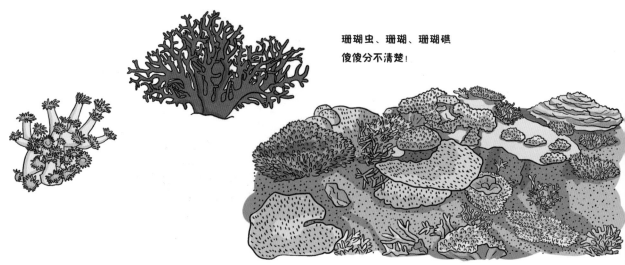

珊瑚虫、珊瑚、珊瑚礁
傻傻分不清楚！

什么？这三者不一样吗？有什么区别啊？简单来说，珊瑚虫和珊瑚都是动物，珊瑚是由许多珊瑚虫聚合生长而成的生物群体，珊瑚礁则是由具有造礁能力的珊瑚日积月累堆叠而成的一种结构，也是生长在热带海洋中的石珊瑚和生活于其中的其他造礁生物、附礁生物等生物的骨骼和藻类等植物的遗骸逐渐堆积起来的结构，是海洋中非常重要的一种生态系统。珊瑚礁其实是一种珊瑚群落，是一种海洋生物非常丰富的海底景观。

但是珊瑚为什么长得这么像植物？这是因为大多数珊瑚可以出芽生殖（无性繁殖的方式之一），它们在繁殖时并不会脱离本体，最终形成一个相互连结、共同生活的群体；由于珊瑚喜欢阳光，它们会向上"生长"，为了捕食，它们也会向四周"生长"，最终变成类似树枝的结构；即使珊瑚死亡了，它的骨骼也不会消失，就像树木枯萎的枝干一样，因此在之前的很长一段时间里，人们都认为珊瑚是一种植物。

除了出芽生殖，珊瑚还可以有性生殖。由于月球的周期性作用，对于珊瑚来说，每年都有那么几个特殊的夏季夜晚。在这几个夜晚里，珊瑚虫会大规模产卵，它们会排出几万亿颗红色的卵细胞和白色的精细胞，毫不夸张地说，这是世界上最大的繁殖盛会。涨潮时，这些卵细胞和精细胞能够相遇并有受精的可能。接着，它们会变成小珊瑚虫，任由潮水将它们带走，向更远的海洋漂去。幼小的珊瑚虫加入了由数十亿的其他动物组成的漂流大军，固着后会形成一个新的珊瑚，再往后还会建设新的珊瑚礁。

第三章　海底的那些"大人物"

世界上最大的哺乳动物——蓝鲸

　　据了解，蓝鲸是世界上现有的最大的哺乳动物，它的心脏甚至可以有一辆甲壳虫汽车那么大。即使还是个刚出生的小宝贝，它就已经有 7 米长、4 吨重了。最令人惊讶的是蓝鲸的生长速度，像是坐火箭一样，一天就能长 90 千克，它是动物世界里长得最快的，18 个月后就能长成一头大蓝鲸。

　　目前发现的最长的蓝鲸有 33 米，成年蓝鲸大约有 200 吨重，它的一条舌头就有一头大象那么重。如果蓝鲸不是生活在海里，真的想象不出哪里能容得下它这么大的身体。蓝鲸不仅是世界上体形最大的动物，还可以发出高达 188 分贝的声音，这声音比喷气式飞机的声音还响亮。蓝鲸的声音可以在深海中穿越 1000 多千米，用来呼唤浩瀚海洋中的同伴。

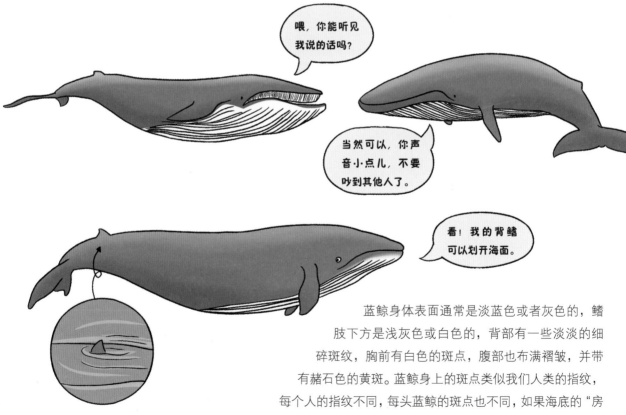

　　蓝鲸身体表面通常是淡蓝色或者灰色的，鳍肢下方是浅灰色或白色的，背部有一些淡淡的细碎斑纹，胸前有白色的斑点，腹部也布满褶皱，并带有赭石色的黄斑。蓝鲸身上的斑点类似我们人类的指纹，每个人的指纹不同，每头蓝鲸的斑点也不同，如果海底的"房子"需要"指纹解锁"，蓝鲸"刷"自己的斑点就可以啦！蓝鲸的背鳍和鳍肢都不算太大，背鳍不会超过体长的 1.5%，鳍肢长约 4 米，但是它的尾巴又宽又平，就像一把剃刀，因此蓝鲸也被人称作剃刀鲸。

蓝鲸头顶有两个喷气孔，它的上颌部还有一块白色的胼胝，在很久之前，这里长满了毛发，随着时间的推移，这里的毛发退化了，留下了一块疣状的赘生物，成了寄生虫的滋生地。由于胼胝在每头蓝鲸身上都不相同，就像是不同蓝鲸戴着不同形状的"帽子"，因此人们可以根据这个特点来区分不同的蓝鲸。

蓝鲸虽然体形庞大，但是它最主要的食物却是几厘米长的磷虾。大部分的蓝鲸居住的海湾富含通过陆地的河流流入的有机物，使得这些海湾的水质非常肥沃，许多浮游生物在此繁殖。而大量的浮游生物会吸引大量的磷虾，这些磷虾的身上闪烁着晶莹的蓝光，很是美丽。蓝鲸一次大约能吞食200万只磷虾，估算下来，一天会有4～8吨磷虾进入蓝鲸的肚子。肚子里的食物不足2吨时，蓝鲸就会感到饥饿，果然，巨型生物的世界我们还没有办法理解。在蓝鲸的食谱中，除了磷虾，还包括其他虾类、小鱼、水母和植物等。蓝鲸虽然又大又能吃，但是它的喉咙只有一个小苹果那么粗，神奇吧？

蓝鲸是一种世界性分布的海洋生物，分布于从南极到北极之间的各大海洋中，南极附近的海洋中蓝鲸数量较多，热带海洋中蓝鲸数量较少。有趣的是，蓝鲸喜欢长途旅行，它们冬季在极地附近的海洋进食，夏季就会去赤道附近的海洋繁衍后代。因为蓝鲸也是一种哺乳动物，需要用肺进行呼吸，所以每10～15分钟，它们会浮出海面呼吸一次，每次浮出海面，蓝鲸都会在海面上喷出水柱，看上去像大型喷泉一样壮观。

海洋里的"潜水冠军"——抹香鲸

抹香鲸是世界上最大的齿鲸，它们大部分生活在没有结冰的海域，具体来说就是大多数抹香鲸生活在南纬 70° 和北纬 70° 之间的海域中。抹香鲸后背的肤色由深灰至暗黑，在阳光下看起来是棕褐色的，肚子则呈银灰色，有些发白，腹部两侧往往也会出现不规则的白斑。雄性抹香鲸体长一般为 11 ~ 20 米，雌性抹香鲸略小一些，体长约 8 ~ 18 米。它们的体重超过 50 吨，是名副其实的庞然大物。

有趣的是，抹香鲸的脑袋占据了身体约三分之一的长度，它拥有动物界中最沉重的脑袋，这脑袋看起来就像一个巨大的箱子，所以它才有了巨头鲸的称号。不过它的尾巴和脑袋比起来可就小了太多，让它看起来像是巨大的蝌蚪。如果这样说你还理解不了，就想一想《海绵宝宝》里蟹老板的女儿珍珍，她就是一头抹香鲸。

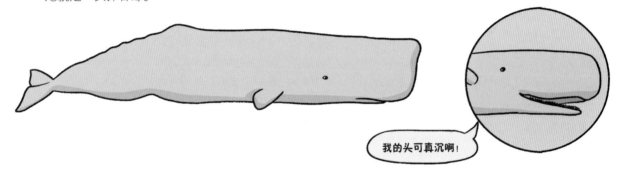

我的头可真沉啊！

抹香鲸巨大的脑袋上有两个小小的鼻孔，不过这两个鼻孔也很特别，只有左侧的鼻孔是通畅的，右侧的鼻孔天生就是堵塞的，想象一下，如果我们的鼻孔一直像感冒时那样只有一侧通气，这可太难受了。也正是因为这样，抹香鲸在浮出海面进行呼吸时，其呼出的雾柱会以 45° 角朝左侧喷射。

关于抹香鲸脑袋的趣事可不止这些，还有它的牙齿。抹香鲸的牙齿很大，长达 20 厘米，两侧各有 40 ~ 50 颗，但是它只有下颌有牙齿，而上颌只有被下颌牙齿"刺出"的一个个的洞。

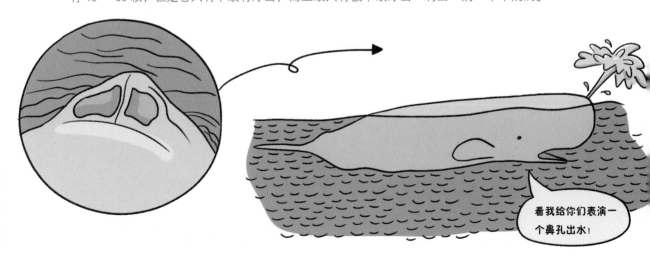

看我给你们表演一个鼻孔出水！

抹香鲸巨大无比，同时有着极好的潜水能力，深潜可达 2200 米，可下潜的深度是其他鲸类的数十倍，并能在水下待两个小时之久。它下潜的秘诀就是在潜水前大口呼吸五分钟左右，让氧气与肌红蛋白结合，在体内储存大量的氧分。

为什么抹香鲸能下潜到这么深的地方呢？原来，这项能力并不是抹香鲸一开始就具备的，而是它在数百万年的时间里不断演化而来的，或许是为了适应海洋环境的变化，以及获得更多的食物吧！但是，当它看见捕鲸船时，这些能力可能都会失效，因为它会紧张得连潜水的力气都没有了。

抹香鲸这个好听的名称也与它身体里藏着的"宝贝"有关。抹香鲸的主要食物是乌贼等头足类生物。通常情况下，乌贼的喙不能被抹香鲸消化，因此抹香鲸会在吞食乌贼前吐掉这些喙。但是有的时候，这种不能被消化的物质会进入抹香鲸的肠道中，并且逐渐形成一种蜡状物质，也就是龙涎香。

龙涎香是一种非常珍贵的海产品，能在抹香鲸体内"孕育"多年。龙涎香的产生其实是对抹香鲸的一种保护，因为那些不能消化的喙通常非常锋利，进入抹香鲸的身体后很容易伤害内脏，所以抹香鲸需要把它们包裹起来。

刚排入海中的龙涎香为浅黑色，在海水的作用下，渐渐地变为灰色、浅灰色、白色。白色的龙涎香品质是最好的，因为龙涎香要在海水中泡上百年，才能去除所有的杂质。因此，为了提取龙涎香而伤害抹香鲸的行为是不可取的，也是没有意义的。

抹香鲸睡觉的姿势更是奇特，如果就看一眼，你会以为自己看到的是一个巨石阵。如果再靠近一些，你会发现原来这是一群抹香鲸在睡觉——它们是竖着身子睡觉的，一边睡还一边向着海面漂移呢。根据科学家研究，抹香鲸一生只有大约 7% 的时间在睡觉，是睡眠时间最短的哺乳动物之一。

海洋里的"艺术家"——座头鲸

尽管座头鲸不是世界上个头最大的鲸类，但是和其他海洋生物相比，它也是海洋中的"巨人"之一。成年雄性座头鲸的平均体长约 12.9 米，而雌性座头鲸会稍微大一些，平均体长约 13.7 米，体形肥大而臃肿。

如果说抹香鲸的头很大，那么座头鲸的头就可以说很小，座头鲸具有脑袋扁平、吻宽、嘴大的特点，它的嘴边还有 20 ~ 30 个肿瘤状的突起。座头鲸的背部不像其他鲸类那样平直，而是向上呈现一定的弧度，所以它又被称为弓背鲸、驼背鲸。不过它的胸鳍是鲸类中最大的，差不多可以达到身体的三分之一长。

巨大的胸鳍可是我的骄傲！其他的鲸都没有这么大的。

在繁殖期，雄性座头鲸会通过歌唱来吸引雌性，一年大约有 6 个月能听见座头鲸的歌声。20 世纪 70 年代，美国有一位著名的鲸类学家用水听器录下了座头鲸的叫声，并用计算机技术对它们的声音进行解析。结果显示，座头鲸发出的声音有 18 种音色，包括"悲叹""呻吟""颤抖""打鼾""长吼"等，而且座头鲸并不是在胡乱喊叫，是按照一定的节拍、音阶长度和音乐短语来歌唱的。

科学家们还注意到，座头鲸非常善于使用"A—B—A"这样的演唱形式，这其实是一种非常适合人类歌唱家的演唱形式，就是先弹奏一段旋律，然后进行一次详细的演唱，最后将原来的旋律稍作修改，一首歌曲就完成了。

有趣的是，世界各地的座头鲸之间还有"艺术交流"，在不同的水域里，座头鲸的歌声也各不相同，会根据四季的变换而改变。如果印度洋的座头鲸迁徙至澳大利亚东侧的太平洋海域，三年之内，太平洋海域的座头鲸便可能抛弃自己的"音乐"，改为演唱从印度洋那里"引进"的"新歌曲"。

希望我的歌声能够打动你们。

除歌唱外，座头鲸还喜欢在海上进行盛大的"舞蹈"演出。巨大的座头鲸可以轻易地从海水中跃出，它们喜欢用尾巴或者鳍拍打海面。有的时候，它们甚至会激动地从海水中一跃而出，姿态优雅，令人惊叹。落入海水中时发出的声音隔着几千米都能听见，真不愧是海洋里的艺术家。

座头鲸不仅拥有强而有力的歌声，还拥有敏锐的听力，它们甚至可以听见 7.6 千米外虎鲸的叫声。有趣的是，座头鲸听到虎鲸的叫声之后，会游过去揍它们一顿，然后扬长而去，一改往日温顺的性格。

科学家猜想这是因为座头鲸在小的时候会受到虎鲸的威胁，还可能成为虎鲸的猎物，成年后的它们可记仇了，把虎鲸视为"眼中钉，肉中刺"，只要遇上虎鲸，就绝不认输。慢慢地，座头鲸就成了海上的"正义使者"。

座头鲸还有一个很厉害的地方，就是它们可以半年进食，半年不进食。

它们一般会在 5 月至 9 月迁移至更凉爽的海域觅食，在这段时间，它们每天会花上 20 多个小时来觅食，恨不得一口吃成个胖子。为了积累体内的脂肪，座头鲸一天需要摄入 2 吨以上的食物。在其他的时间里，它们将在温暖的海域中繁衍后代，而在此期间，它们几乎不需要进食。

海洋里的"探测高手"——长须鲸

　　长须鲸,也被称为鳍鲸、长绩鲸,它是仅次于蓝鲸的世界第二大鲸类。长须鲸长得很大,而且它的特点之一是拥有细长的身体,体长为 19 ~ 20 米,整个身体呈纺锤形,脑袋大约占身体五分之一到四分之一的长度。它小小的背鳍立在身体上,脑袋后方有一条灰白色的"人"字形条纹。

右　　　　　　　　　　　　　　　　　左

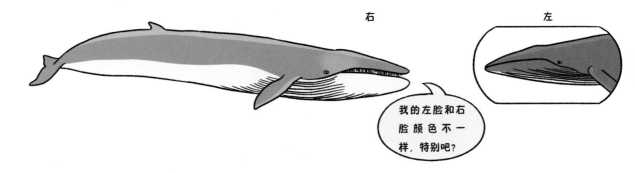

我的左脸和右脸颜色不一样,特别吧?

　　长须鲸还是个"阴阳脸",右侧下唇、口腔及鲸须的一部分是白色的,而左侧却是一片灰蒙蒙的。当长须鲸漂浮在海面上时,人们可以很容易看见它的喷气孔,然后才能看见它的背鳍。仔细观察会发现它的喷气孔垂直而狭窄,就像小朋友的水枪,其喷射的气体和液体可以达到 6 米高。长须鲸每次升到海面时,都会喷射好几次,会在海面停留大约一分半钟。这时候,它的尾巴会放在海面之下。它和其他鲸类一样,有时也会跃出海面。跃出海面时,则是整个身体都在空中。

　　长须鲸的分布范围相当广泛,从极区海洋至热带海洋都有它们的身影,南北半球都能见到它们。但是在靠近南北极点、布满浮冰的海域是看不见它们的。并且比起浅海,它们更倾向于生活在海洋的深处,往往会下潜到 200 多米的深海,还要动用自身的四个肺,才能在水下多待一段时

我冬季时在这里感受温暖。

我夏季时在这里感受凉爽。

间。如果有幸见到长须鲸，你就会发现它们有的是单独出行，有的是两到三头一起活动。它们夏季时在寒冷的海域中觅食，冬季时则会去温暖的海域中繁衍。

尽管体形庞大，但是长须鲸的游泳能力却极强，是游泳速度最快的鲸类之一，速度可以达到每小时 37 千米，最高纪录是每小时 40 千米，有"深海格雷伊猎犬"的美誉。它们在吃东西的时候会以每小时 11 千米的速度前进，这时候它们一张嘴就能吸入大约 70 立方米的海水。吞下海水之后，它们就会合上嘴巴，让海水从鲸须处流出来，小鱼、甲壳类动物和其他食物就会留在嘴里，成为长须鲸的腹中物。长须鲸每次张嘴就能吃掉 10 千克左右的磷虾。

长须鲸还拥有海洋中最响亮的叫声，其声波甚至可以穿透地壳。科学家通过分析海底地震仪器记录下的长须鲸叫声，发现它的声波能够穿透沉积层和下面的岩石。当声波穿过海水遇到海底地壳时，

一些声波的能量会转换成地震波，这些地震波可以帮助科学家"看到"地下的情况。当地震波在不同的岩层中反弹时，科学家可以估算出岩层的厚度，也可以根据波浪形的速度变化确定地震波所经过的岩石类型。科学家们在反复实验与研究中发现长须鲸的叫声可以帮助人们了解海底地震的情况。

海洋里的"危险杀手"——大白鲨

大白鲨的名称里带了"白",但是它并不是白色的。大白鲨的身体一般是灰色或淡褐色的,只有腹部是淡白色的,背部和腹部的界限也很分明。灰色或淡褐色的背部和海洋的背景颜色很近,这样浅水区的猎物就不会那么容易发现它。

大白鲨有着乌黑的眼睛、锋利的牙齿,是海洋里最大的肉食性鱼类之一,位于海洋食物链的顶端,是最凶猛的鲨类之一,它还有个令人闻风丧胆的名称——噬人鲨。一些大白鲨的体长超过6米,比一辆皮卡车还长,体重最大会超过3吨,它锋利的牙齿可以达到10厘米长。它的尾部呈扁平状,靠近尾部的位置很细小,体形不是很匀称。

看看我的皮肤,感觉叫我"黑鲨"好像更贴切呢。

人们之所以认为大白鲨凶猛,和它们的狩猎模式有着密不可分的关系。它们会在猎物下方水域游动,直到距离目标猎物约1米时,向上偏转头部并攻击猎物。尽管大多数时候它们会像正常鱼类那样水平游动,但是有时候它们也会垂直游动。大白鲨容易在狩猎活动中进行垂直游动,有时候会垂直于海面,直接、快速地追逐猎物。

对于大白鲨来说,使用垂直游动方式捕捉靠近海面的猎物有很多好处。首先,从下而来的攻击更难被猎物看到;其次,大白鲨可以更好地看到在它头顶的猎物的位置。这真是太可怕了,一旦被盯上,怎样都逃不掉。

科学家的研究发现,大白鲨喜欢摄入脂肪含量比较高的食物,也就是说,它们更喜欢吃肥肉。一头成年大白鲨在饱餐一顿之后，一个多月哪怕什么都不吃也能活下来。平均下来，一头大白鲨大概每天要吃掉相当于自身体重 1% ~ 2% 的食物。

在海洋里，大白鲨只有在饥肠辘辘的时候才会攻击猎物，而且它们对吃的食物有很高的要求，那就是要新鲜、现捕、现杀、现吃。此外，大白鲨还是个"健身狂魔"，每天都要进行长时间的游泳，这样才能获得足够多的氧分。

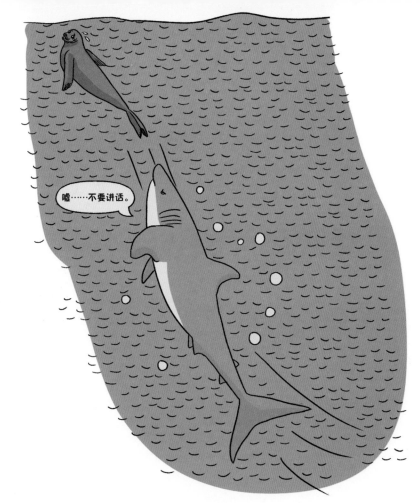

海洋里的"语言大师"——虎鲸

不许说我眼睛小！
要说我很可爱！

虎鲸，又称逆戟鲸，因虎头虎脑的外表、圆圆的脑袋，以及黑白相间的肤色，被大家贴切地称为"水中大熊猫"。虎鲸看上去一点儿都不凶，甚至有点儿呆萌。尽管名称中有一个"鲸"字，但是实际上它属于海豚科。虎鲸是海豚科中体形最大的一种，成年的虎鲸体长大约 6 ~ 10 米，体重大约 5 ~ 10 吨，整体呈纺锤形，表面光滑，皮肤下面有一层很厚的脂肪。它的背部漆黑，鳍的后面有一片呈马鞍状的灰色斑点，腹部是雪白色的，两侧眼睛的后上方各有一片白色斑块。这片白色斑块常被误认为是虎鲸的眼睛，但是它真正的眼睛其实非常小。

虎鲸的鼻孔在脑袋的右侧，有可以自由开关的活瓣，当它浮到海面上时，就会打开活瓣进行呼吸，喷出一片泡沫状的气雾，有意思的是，这些气雾遇到海面上的冷空气会形成一道水柱。虎鲸有一对非常发达的鳍，是由前肢演化而来的，后肢则退化消失了。虎鲸的脊背正中有一个巨大的三角背鳍，使人一眼就能发现它。雄性虎鲸的背鳍甚至有 1.5 米，对于它来说，背鳍是攻击和掌舵的重要武器与工具。

虎鲸的嘴巴非常大，大到甚至能把一只海狮整个吞下，张开嘴时能看到里面有 40 ~ 50 颗巨大的圆锥形牙齿。

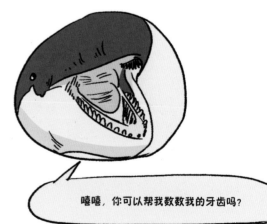

嘻嘻，你可以帮我数数我的牙齿吗？

还是和兄弟姐妹们待在一起最安心。

虎鲸是海洋中比较特别的生物，它们具有高度的社会性和复杂的社会结构，喜欢聚在一起生活，有 2 ~ 3 头的小族群，也有 40 ~ 50 头的大族群，族群中的个体之间几乎都有亲缘关系。而且虎鲸的族群一般是由约 20% 的成年雄性虎鲸、20% 的幼鲸、60% 的雌性虎鲸和未成年雄性虎鲸组成的，并且是有亲缘关系的多代聚在一起。

虎鲸非常不喜欢离开自己的族群，它们通常在族群 100 米左右的范围内游来游去，以便随时为"家人"提供帮助，而且很少离开群体几个小时。它们之间会互相分享食物，并通过"师傅带徒弟"的方式向年轻的虎鲸传授捕食、养育后代的经验。

它们总是喜欢在海面上安静地待上两三个小时，露出巨大的背鳍。族群成员之间经常互相触碰胸鳍，这是它们亲密和团结的表现。如果族群里有成员受到伤害，其他成员就会纷纷赶来帮忙，用身体或脑袋将受伤的成员顶起来，使它可以一直漂浮在海面上。虎鲸之间的亲密牢不可破，就是睡觉时也会聚在一起，并保持一定程度的清醒。和我们人类一样，虎鲸一起吃饭、一起旅行，以族群为社会组织，彼此依靠，共同生活。

虎鲸也是一种具有极高智商的海洋生物，它们有强大的语言系统，每个族群还有完全不同的族群文化。虎鲸的叫声一般有三种：口哨声、离散的呼叫、点击声。它们的叫声用于相互交流和寻找方向。当不同族群相互接触时，它们使用离散的呼叫和口哨声，并且每个族群都有一个与众不同的离散的呼叫，听起来与其他族群稍有区别，就像我们人类各个地区会有属于自己的方言一样。每个虎鲸族群的"方言"可以保持六代都不改变。而点击声更像是用于定位的工具音，虎鲸会通过点击声感知和探测周围水域的状况。

虎鲸不但可以通过发射超声波来搜寻鱼类，还可以通过超声波来辨别鱼群的大小和行进方向。所以，在大海里，虎鲸是个"话痨"，随时随地都可以听到它们的叫声。有趣的是，科学家破解了虎鲸的对话后，他们发现这些虎鲸之间的交流并不怎么"正经"，大多是在吐槽同类、抱怨幼崽愚蠢等家长里短的对话。

你家孩子这次学习捕猎怎么样啊？

别提了，捕猎考试没及格，我可真担心它今后的生活。

海洋里的"温柔巨人"——鲸鲨

早在 6000 多万年前，鲸鲨就在地球上出现了，它是当之无愧的活化石。鲸鲨是世界上现存体形最大的鱼类之一，因其体形巨大且似鲸而得名，成年鲸鲨体长可达 12 米，接近一个标准篮球场的宽度，体重大约 10 ~ 15 吨。

当这样一个庞然大物出现在水中时，人们可能不会认为这是一个生物，更愿意认为它是水中的一个浮岛。鲸鲨的背部呈蓝灰色，身上有着独特的白色斑点和条带，每头鲸鲨的斑点和条带都是独一无二的。鲸鲨游动时，就像海里游动的星光。鲸鲨是越南文化里的神祇，在多种语言中，它被翻译成"背上长星星的鱼"。

鲸鲨往往独自行动，不过在有足够食物的地方，它们也会聚集在一起。这么大一条鱼，每天需要吃很多小鱼小虾才能填饱肚子。鲸鲨的嘴巴适应了庞大体形的需求，宽度达到了 1.5 米。鲸鲨的嘴巴里

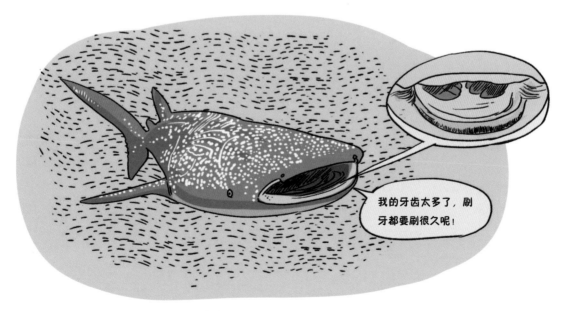

约有 3000 多颗非常细小的牙齿，牙齿排成数排，每排约有 300 颗。

虽然它有这么多牙齿，但是这些牙齿并不像其他大型生物那样用于撕裂和咀嚼猎物，而是用来过滤食物的。因为鲸鲨属于滤食性动物，喜欢吃像磷虾、水母和小蟹那样的浮游生物。鲸鲨的头部两侧长着五对像筛子一样的巨大鳃裂，它将海中的食物吸入口中，通过鳃裂将水排出，这样食物就留在了它的嘴里，然后被吞下。

鲸鲨的主要活动区域是从南纬 30° 到北纬 30° 之间的广阔海域，热带海域是它们的最爱。鲸鲨的游动速度十分缓慢，平均速度只有每小时 5 千米，和人类正常走路的速度差不多。鲸鲨却对此不以为意，它们常常漂浮在海面上，尽情享受着阳光。

尽管鲸鲨体形庞大，但是对人类并没有什么威胁。鲸鲨性情比较温顺，潜水者甚至可以和它们一起游泳，除了也许会被鲸鲨巨大的尾鳍无意间击中，不会有其他危险。这令潜水者们心驰神往，每年都有许多潜水爱好者在不停地搜寻它们，都希望能够近距离与这些海洋里的"温柔巨人"来一次亲密接触，但是大都以失败告终。按道理来说，这么庞大的生物必然是引人注目的，但是鲸鲨仿佛"神龙见首不见尾"，让人无处寻觅。

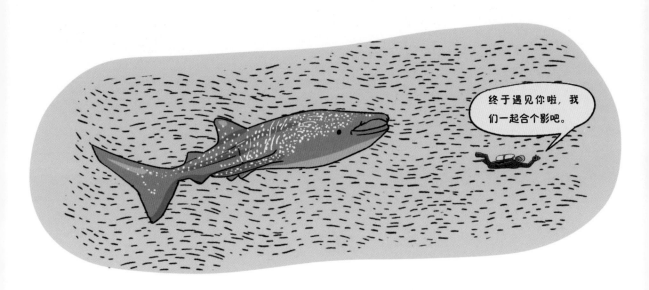

鲸鲨在 1995 年被确定为卵胎生动物。当时发现的怀孕鲸鲨体内有 300 多个胚胎，这些胚胎的发育阶段不同，说明它们的受精时间不同。雌性鲸鲨具有储存精子的能力并可以分期受精，它们会将受精卵留在体内，直到幼鲸鲨在体内长到 40 ~ 60 厘米后再生出来。

尽管鲸鲨有着与众不同的繁育方式，漂亮温和的它也几乎没有天敌，但是其数量正处于历史最低水平，人类捕捞是其数量减少的一个原因。东南亚地区是鲸鲨的主要捕捞区，捕捞上来的鲸鲨主要被人类食用，人类有时候也会将它们的鳍割下来以制作鱼翅，这真是太残忍了，我们应该保护好我们的这些海洋"朋友"。

海洋里最长的硬骨鱼——皇带鱼

皇带鱼有很多有意思的别称，如龙宫使者、海龙王、白龙王、龙王鱼等，它们广泛分布于北纬72°和南纬52°之间的深海里，以印度洋和太平洋居多，通常栖息于水深200～1000米的温暖海域。一般情况下人们见不着皇带鱼，偶尔在风暴过后的海滩上，或在海面附近，人们会发现一些死亡或受伤的皇带鱼。

虽然名称里有"带鱼"二字，但是实际上皇带鱼和带鱼并没有血缘关系，皇带鱼也不是带鱼中的"皇帝"，它们甚至连品种都不一样，皇带鱼属于月鱼目皇带鱼科，而带鱼则属于鲈形目带鱼科。

不是哦，你认错鱼啦！

您好，你是我家的亲戚吗？

皇带鱼的鱼体横向扁平，两边各有5～6行瘤状突起，呈带状，身体是银灰色的，具有蓝黑色的斑纹，没有鳞片，从头部往后身体逐渐变细。皇带鱼的头部长得有点像马头，和它长长的身体比起来不是很大，整体呈蓝色。它的嘴巴突出，但是也比较小。

皇带鱼的鳍很小，呈红色，由于身形较长，它的背鳍也很长，前面的一部分是丝状的，看起来就像是在头上戴了一顶皇冠。背鳍从皇带鱼的眼睛上方一直延伸到尾部，贯穿全身，颜色从粉红色逐渐过渡到红色，十分好看。

皇带鱼腹部的鳍演变成一对细长的长鳍条，长鳍条尾端略微鼓起，如两条长长的飘带；至于尾部的鱼鳍，更

我的脖子可真长啊！

是难以分辨，几乎看不出来。这样说你能明白皇带鱼到底长什么样吗？总之它长得有些奇怪，此前人们还一直把皇带鱼当作来自海洋深处的怪物。

皇带鱼之所以又被称为海龙王，不仅因为它神秘莫测的行踪和生活习性，还因为它巨大的体形。皇带鱼是海洋里最长的硬骨鱼，一般体长为 3 米左右，目前发现的最长的皇带鱼长约 15 米，最大体重能达到近 270 千克。其庞大的身体是横向扁平的，使得它难以在海洋中快速移动，只能慢悠悠地前进。当它的身体挺立时，可以通过背鳍的摇摆来游动，这也被认为是皇带鱼的一种捕食手段。

皇带鱼主要捕食海洋中的乌贼、磷虾、小蟹和其他中小型鱼类。皇带鱼平时以头朝上尾朝下的姿势漂浮在海洋里，当猎物靠近它时，它就会张开嘴巴一口将猎物吸入。它只有两颗锋利的大牙齿，其他牙齿则又细又小，几乎看不见，不过它坚硬的上下颚足以咬碎海洋中的甲壳类生物。

有时候，皇带鱼在发现猎物后，会将身体蜷曲起来，等到猎物靠近时，再像弹簧一样弹出去咬住猎物，将其捕获。

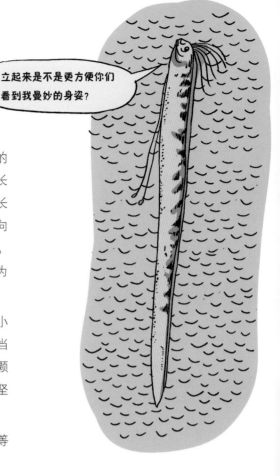

海洋里的"天然呆"——翻车鱼

翻车鱼是一种体形较大的海洋鱼类，它的体长可以达到 5.5 米，体重为 1400 ~ 3500 千克。翻车鱼在海底的那些"大人物"中算是一个特殊的存在，它不凶猛，也不聪明。相反，它可以说是温和的、笨笨的，也是世界上最大、形状最奇特的鱼类之一。庞大的翻车鱼有时候会单独行动，有时候会结对游泳，有时候还会十余条组成小队一起玩耍。

我好像和其他鱼类不一样，但是也没什么，我就是我。

翻车鱼的外形很难用言语来描述，它的外表是椭圆形的、扁扁的，好像一个巨大的盘子，脑袋上的眼睛忽闪忽闪的，十分明亮。它的背部和腹部都长着又高又长的鳍，身体的末端还有一个好看的尾鳍，看起来像是镶着花边一样。分开形容好像没有什么问题，但是这些元素同时出现在翻车鱼的身上，就变得很奇怪了。因为比例的问题，翻车鱼的整个身体就像一个鱼头。

由于奇特的外形和生活习惯，翻车鱼在世界各地有着各种各样的名称。

例如，西班牙人把这种鱼称作石墨鱼，是因为翻车鱼身上附着了大量的寄生生物，使得其外表呈现出岩石般的粗糙状态，再加上它那浑圆的外形，看上去就像石墨一般。

翻车鱼还有一个奇怪的习惯——喜欢侧卧在海面上进行日光浴，因此，欧美地区的许多人会称它为"太阳鱼"。

而热带海洋中生活的翻车鱼，它的身体周围常有许多发光生物，当它侧躺在水面或者游动时，那些小生物就会发光，人们从远处望去就像是看见了一轮明月，因此法国人管它叫作月光鱼。

没想到我还有这么多花名吧？但是我觉得月光鱼最好听了。

虽然翻车鱼的外形很奇特，但是这样"头重脚轻"的结构非常适合在水下活动，因此它经常潜入海底，捕食深海的小鱼小虾。翻车鱼可以潜入600米以下的深海，甚至一天能下潜20次，这运动量可真大！身体看起来很笨拙的翻车鱼不仅爱潜水、爱在海面进行日光浴，而且有时还会从海水中跃出来。

翻车鱼是个质量以吨计的"小胖子"，再加上尾部退化，它只能依靠背鳍和臀鳍的摇摆来游泳，但是速度很缓慢。而且，它还经常被其他海兽、鱼类"欺负"，甚至可能被吃掉。

虽然翻车鱼自身的特性使得它的生存环境看起来不够好，但是它至今没有灭绝的原因在于它的生殖能力太强了，一条雌性翻车鱼一次可生产2500万 ~ 3亿颗卵。然而，在弱肉强食的大自然中，最后大约只有30条翻车鱼能够安全地生存到生育的季节。不过，这并不影响翻车鱼成为世界上最高产的鱼类之一。

而且，由于游动速度慢，战斗力低，嘴巴又小，翻车鱼只能选择一些游泳技能不如它的生物为食——水母就成了它的第一选择。同时，水母总是成群结队地出现，如果两者相遇，就足够翻车鱼饱餐一顿了。

海底的森林——巨藻

　　巨藻是藻类王国中体长最长的一种，成熟的巨藻体长通常为 70 ~ 80 米，最长的甚至可以达到 500 米，所以巨藻也被称为海藻王。而且，只要水下的温度合适，巨藻的生长速度会非常快，你能想象吗？一天之内巨藻可以生长 2 米左右！这还不算最厉害的，每过 16 ~ 20 天，它的体长就会翻一番，并且一年四季都可以生长。这样的生长速度，不管是在陆地上，还是在海洋里，都是其他植物怎么追都追不上的。因此，巨藻无论是体长还是生长速度，都堪称"世界之最"。

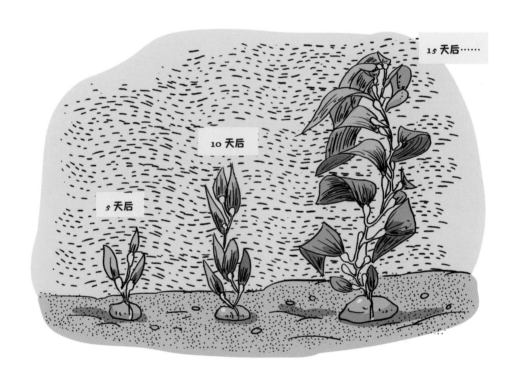

　　巨藻喜欢生长在水下能见度高、水流速度快的海底礁石上，它们庞大的"身体"组成了海底森林，覆盖着一大片的海域。这样的海底森林是许多小型海洋生物的天堂，是小型海洋生物赖以生存的地方。

　　巨藻分为三个主要部分：固着器、柄、叶片。它的中央有一个根茎，根茎上有 100 多个像树枝一样的小柄，柄上有许多叶片，有些叶片的长度可以超过 1 米，宽度一般为 6 ~ 17 厘米。叶片上有许多有规则的气囊，它们分布在叶片主要脉络的两侧，气囊可以产生足够的浮力，将巨藻的叶片甚至是巨藻的根茎抬起来，漂浮在水中。那些巨大的叶片层层叠叠，可以覆盖数百平方千米的海面，使海面呈现出一片褐色，所以人们也把它叫作大浮藻。我们国家原本没有巨藻这种海洋植物，1978 年时首次从墨西哥引进巨藻，给我们国家的海底世界增加了一位新朋友。

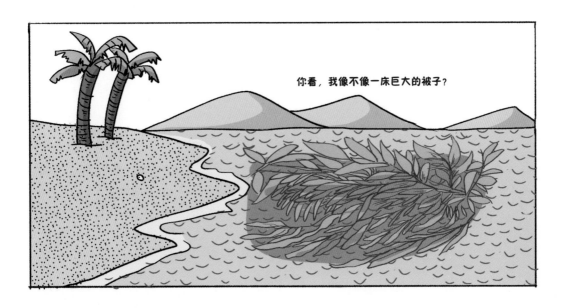

巨藻的用途很广，由于巨藻中的蛋白质含量高达 39.2%，并且富含多种维生素和矿物质，人们可以以它为原料生产食物、肥料、塑料和其他产品，也可以用它来生产沼气，在提取碘和褐藻胶、甘露醇等工业产品的工厂里便能发现它的身影。不得不说，对于我们的生活而言，巨藻有着很高的价值。

第四章 还有一些"奇奇怪怪"的朋友

现实生活中的"美人鱼"——儒艮

儒艮，是一种生活在海洋里的大型哺乳动物，是目前海牛目中唯一生存于印度洋及太平洋海域的物种。它也算是个"大家伙"，体长能达到 3.3 米，它的身体像一个纺锤，后部偏扁，脑袋圆圆的，眼睛和耳朵也都比较小，脖子也有些短，只能简单地扭头和点头，看起来有些憨憨的。它的皮肤很光滑，呈褐色或暗灰色，身体上也没有什么毛发，腹部的颜色比背部的浅一些。

胸鳍是未成年儒艮前进的重要动力来源，成年后，尾鳍则成为它的主要动力来源。儒艮的游泳速度通常不会超过每小时 10 千米，平均每天大约能游 25 千米的样子。这对于生活在海洋中的生物来说，可以算得上是"宅"了。如果被其他生物追赶就另当别论了，儒艮逃跑时的游泳速度是平时的两倍。

儒艮一般 2～3 头在一起进行族群活动，也会有 6 头以上的小群体，偶尔也会有单独活动的情况，让人弄不清楚它们到底是喜欢成群生活还是喜欢单独生活。它们通常居住在海草区底部，这里隐蔽性很好，不容易被发现。但是儒艮并不会在水中停留很久，大约每 1～2 分钟就会浮到海面一次，最长

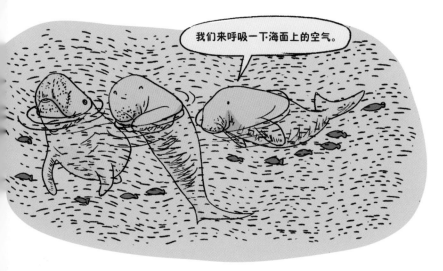

的水下纪录是大约8分钟。当它们浮上海面时，会将吻部的尖端露出海面，随时保持警惕，这时候如果受到什么惊吓，它们会马上潜到水下。在下潜的过程中，儒艮的身体会像海豚一样垂直旋转一圈，实现完美入水。

为什么憨憨的儒艮会被人们称为现实生活中的"美人鱼"呢？原来儒艮也会用乳汁喂养幼崽，为了防止幼崽吮吸乳汁时被海水呛到，儒艮妈妈会用鳍肢拥抱着幼崽浮到海面上再喂奶。它的鳍肢非常灵巧，有点像人类的胳膊，人们从海面上看到这样的场景时，很容易联想到母亲抱着孩子喂奶的情景。并且儒艮时常顶着长发般的水草浮在海面上，

这使得它们的上半身看起来就像美丽的妇人，而下半身又是鱼形的尾巴，因此，人们以为儒艮就是现实生活中的"美人鱼"。

儒艮的脑子很小，大概只有一颗葡萄柚那么大，只有大多数水生或陆生哺乳动物的脑子的四分之一。脑子虽小，但是它们可不笨哦，反而很聪明，比如能够区分颜色。它们大脑中负责社交和情绪的脑区较小，因此它们十分友善，即使突然被打扰，也不会大发脾气，平时也极少攻击人类，对人类很友好，还经常和潜水的人互动。

海洋里的"除草机"——海牛

前面我们介绍了现实生活中的"美人鱼"儒艮，在海洋中还有一种和它长得很像的动物叫作海牛，如果不仔细看，还真不好区分它们。海牛和儒艮之间的不同点在于尾巴的形状，海牛的尾部扁平，略呈圆形，外观类似大型单片船桨；而儒艮的尾部则呈月牙状，和鲸类似，不要把它们弄混了哦。

看看，我们尾巴的差距还是挺大的，不要把我们认错啦！

海牛曾经生活在陆地上，和大象可是远房亲戚，但是在很多年以前，因为自然环境的变迁，它们不得不下海寻找新的生存机会。到现在为止，海牛进入海洋生活已经有近 2500 万年的历史了。

海牛进入海洋生活后，依然爱吃"素"。它的饭量非常大，一天能吃下的海草占自身体重的 5%～10%，真是个大胃王。它的肠子也很长，足足长约 30 米，这个数字可真令人惊讶。巨大的海草在海牛眼里就像一块块比萨，它不一会儿就能吃掉一大片，因此，人们也称海牛为海洋里的"除草机"。不过海牛吃得多也不是什么缺点，有些热带和亚热带地区的海域经常出现海草过于茂盛而妨碍航行等问题，这时候有海牛的帮助，便可以很好地解决这些问题。

海牛外形呈纺锤形，有着短短的脖子，方便它大而圆的脑袋左右张望。海牛的体长一般为 2.5～4米，体重为 360 千克左右。喜欢吃海草的海牛居然也不是很苗条，有着厚厚的皮下脂肪，可以在海水中维持身体的温度。海牛有鼻子有眼睛，但是眼睛比较小，眼睛的后面还有一个小小的耳孔。

这里的海草被我承包了！都会被我吃掉！

海牛身上的毛发又短又稀疏，看起来不是那么好看。海牛的前肢是长得很像桨的鳍，没有后肢，但是有一个已经退化的骨盆保留了下来。厉害的是，海牛的牙齿是可以再生的，即使前面的牙齿脱落了，还可以由后面的牙齿补上。

海牛大都生活在浅海，它们不喜欢去深海，也不喜欢上岸。如果海牛离开了海水，就会像不小心走丢的孩子那样一直"哭"，豆大的"泪珠"止不住地流。其实海牛流下的并不是眼泪，而是一种含盐的液体，这种液体能够保护它的眼睛。海牛在海里是最自在的，尽管它们用肺呼吸，时不时地需要换气，但是它们依旧很喜欢潜水，巨大的肺部和胸腔能够让它们在水下待上十多分钟。

海牛的两个鼻孔都有一个"盖子"，当它们抬起头呼吸时，两个"盖子"就会接收到"开门"的指令，然后肆意地呼吸，直到新鲜氧气充满肺部，接着懒洋洋地游泳，偶尔还喜欢翻个跟头，尽情享受在海里的生活。

海牛还有一点很奇特，就是拥有庞大身躯的它只能通过放屁来调节自身的浮力。你如果在海底遇见它，发现它的身下总是冒出一圈又一圈的泡泡，这时候它就是在放屁……

水陆两栖的"小精灵"——弹涂鱼

与其他海洋生物不同，弹涂鱼是个特殊的存在，它并没有生活在海底，而是生活在海陆交汇的地方——滩涂，这里是生存条件极为苛刻的区域，涨潮和退潮造成的盐度和水位变化，泥沙地质造成的孔隙水、缺氧等因素，都给生存在这里的生物带来了严峻的考验。不过这里却是弹涂鱼的天堂，退潮时，就能看见无数弹涂鱼在沙滩上跳跃，这也是"弹涂鱼"名称的由来：弹跳在滩涂上的鱼。

潮落了，我该出门散散步了。

弹涂鱼的外形像泥鳅，头大嘴宽，有两个凸起的大眼球，眼球位于头部前端，犹如两颗小灯泡，看起来一副气鼓鼓的样子。弹涂鱼的身体为灰褐色或灰黑色，两侧及鱼鳍上有许多斑点，宛如天空中的繁星。

尽管弹涂鱼没有热带鱼那样艳丽的颜色，但是它却可以在陆地上行动，这可是那些美丽的热带鱼所没有的本领。

弹涂鱼的胸鳍强壮且有力，漫长的演化使得它的腹鳍进化成吸盘的模样，也正是因为如此，弹涂鱼还能爬到树上去，吸盘状的腹鳍可以帮助它们将身体贴在树干上，这可太有意思了。

弹涂鱼的胸鳍则可以自由地前后移动，就像腿一样。在滩涂上移动时，弹涂鱼会用胸鳍蹬着地面，使身体快速地向前拖行，当胸鳍向前运动时，腹鳍则可以帮助它们把身体支撑起来。一些体形较小的弹涂鱼甚至会用尾巴拍打海面，贴着海面"飞行"，就好像打水漂一样。

嘿嘿，没想到吧，我能跳还能飞。

为什么弹涂鱼这么特殊呢？这是因为其独特的身体构造。弹涂鱼作为海洋鱼类的一种，在海里的时候，是用鳃进行呼吸的，而在陆地上的时候，它的呼吸方式则是另外一种——它能像青蛙那样依靠自己的皮肤进行呼吸。弹涂鱼的皮肤表层、口腔和鳃腔的内部都有细密的毛细血管网，这些血管仅有几微米粗，比头发丝还细，因此，氧分可以通过这些毛细血管网直接进入血液中。但是这样的呼吸方式也是有

风险的——必须在潮湿的地方才行，因为只有湿润的皮肤才可以进行呼吸。

　　弹涂鱼的头部有一个可以储存海水的鳃腔。在离开海洋之前，弹涂鱼会将这里装满海水，以便自己上岸后能够正常地进行呼吸。在离开海洋之后，如果鳃腔的海水不够用了，弹涂鱼还会在滩涂上打滚，就是为了让自己的皮肤充满水分，从而自由呼吸。如果你看到弹涂鱼在张着嘴"发呆"，那多半是它在进行呼吸，让身体的血液充满氧分。

　　弹涂鱼在大多数时候会待在滩涂上，这就需要在滩涂上建一个"家"，这里是弹涂鱼为自己打造的避难所和补水站。而且对于弹涂鱼来说，这里还可以"一屋多用"，在繁殖的季节，这里还可以当作"婚房"和"产房"。虽然每条成年弹涂鱼都有自己的巢穴，但是在繁殖期，雄性弹涂鱼的工作之一就是要修建许多的"产房"。

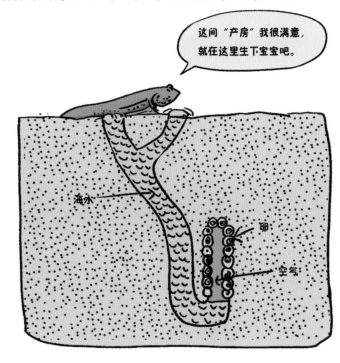

　　接着，雄性弹涂鱼就会在滩涂上蹦来蹦去，展示自己的背鳍，或者用身上鲜艳的色彩来引起雌性弹涂鱼的关注。如果雄性弹涂鱼建造的"产房"能够得到雌性弹涂鱼的青睐，雌性弹涂鱼就会将自己的卵产在"产房"的顶部或者墙壁上。然后，雄性弹涂鱼会进行受精，并照顾这些卵，很快，幼鱼就会被孵化出来并好好长大。

海洋里的"蝙蝠"——蝠鲼

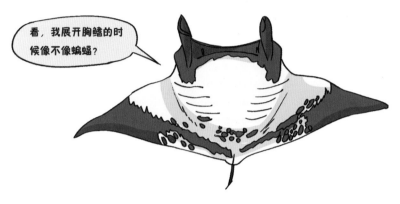

看，我展开胸鳍的时候像不像蝙蝠？

蝠鲼这种巨型海洋生物已经存在近亿年了，它是原始鱼类的代表。蝠鲼虽然见证了山河变迁，但是始终生活在海底，人类难以与它相见。后来，人类见过它后，因为害怕它的长相，所以称它为"魔鬼鱼"。蝠鲼有着扁平的身体，身体的宽度大于长度，最大的蝠鲼甚至可以长到 8 米以上，重量约 3 吨。

蝠鲼的头扁扁的，脑袋上有两个由胸鳍分化而成的头鳍，分布在头的两侧。蝠鲼的胸鳍又厚又大，就像鸟儿的翅膀那样宽阔，感觉它可以像小鸟遨游天空那样在海洋中畅游。蝠鲼不仅胸鳍很大，嘴巴也很大，牙齿又细又多，鼻孔则位于嘴的两侧；它的尾巴又细又长，像鞭子一样。你们想象一下它的长相，是不是有些像蝙蝠或魔鬼呢？

别看蝠鲼的模样有些吓人，跟鲨鱼也有血缘关系，但是实际上它的性情很温和。蝠鲼主要以浮游生物和小鱼为食，平常几乎没有攻击性。尽管蝠鲼有许多牙齿，但是这些牙齿都不够锋利，没有办法帮助它撕碎猎物，所以在大多数情况下它会将食物整个吞掉。

蝠鲼还很顽皮，有时候会故意在渔船的底部游动，用强壮的胸鳍拍击船身，发出的声响总能吓人一跳。它还会用自己的头鳍挂住小船的锚，拉着渔民的小船在海面上飞驰，弄得那些不明真相的人心惊胆战。

但是它是非常友好的，并不会伤害人，看见潜水员还会主动凑过去，把自己的身体伸直，露出腹部，让他们看看腹部上的斑纹。每条蝠鲼腹部上的斑纹都不同，潜水员可以根据这些斑纹分辨出这次跑过来互动的是哪只蝠鲼。

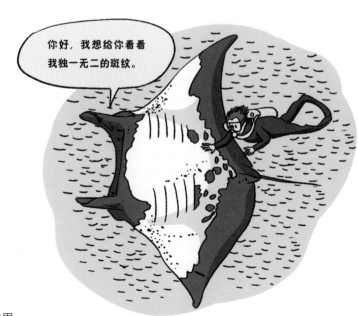

你好，我想给你看看我独一无二的斑纹。

蝠鲼还有一个习惯是喜欢冲出海面，如鸟儿一般在空中滑翔，然后落入海中。科学家观察发现，蝠鲼在冲出海面前需要做一系列的准备工作：第一步，在海中以旋转的姿态向上游动；第二步，在靠近海面的时候，持续加快转速和游速，直到跃出水面；第三步是"附加演出"，蝠鲼偶尔还会做几个华丽的空翻，它能跃出海面 1.5 ~ 4 米高，在落入海中时会发出"砰"的一声，震撼人心。而且并不是只有一位"表演者"，通常是数以千计的"魔鬼鱼"一起跃出海面，然后一起砸在海面上，溅起一道道水柱。

蝠鲼是卵胎生的，这种情况在鱼类中非常少见。和其他一次可以产下成千上万颗卵的鱼类不同，蝠鲼每次只能产下一个宝宝，所以它对自己的宝宝格外疼爱。但是可别小瞧了这独一无二的蝠鲼宝宝，小蝠鲼出生时体重就可以达到 20 千克，身长在 1 米左右。不知道的人会以为这已经是一条成熟的大鱼了，但是实际上它只是一只刚出生的宝宝！

海洋里的"喷射推进器"——鹦鹉螺

鹦鹉螺是海洋软体动物，最早出现在 5 亿年前的寒武纪时期，现在仅存于印度洋和太平洋海域，它的螺旋形外壳光滑如圆盘状，形似鹦鹉嘴，因此得名"鹦鹉螺"。虽然经过了数亿年，但是鹦鹉螺的形态和生活习性等只有细微的改变，因此，它被称作海洋中的"活化石"一点儿都不为过。也正是因为如此，在研究生物演化、古生物等领域时，鹦鹉螺有着极高的研究价值。

1954 年竣工的世界第一艘核潜艇就是以"鹦鹉螺"命名的。

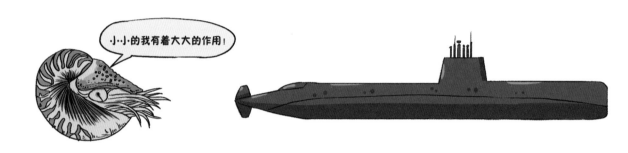

鹦鹉螺的身体左右对称，外壳很薄，成年鹦鹉螺的外壳通常只有 20 厘米左右，最大也不过 26 厘米。它整体为白色或奶白色，外壳上的生长纹是从腹部向外辐射而出的，平滑且细密，多呈红褐色。鹦鹉螺是一种非常聪明的生物，它的大脑发育程度接近脊椎动物，循环系统和神经系统也很发达。它的 90 只触手都没有吸盘，呈叶状或者丝状，可以用来捕食和移动。其中还有两只触手长在了一起，变得又宽又厚，当鹦鹉螺的身体缩进壳内时，这两只触手就会把壳口盖住，使其免受伤害。在休息时，还会有几只触手负责警戒，这就是触手多的好处呀——随时都有"警卫员"！

鹦鹉螺的触手下面是一种类似漏斗的结构，在需要移动的时候，它能够通过自身肌肉的收缩向外排水，然后利用反作用力将自己的身体往前一推，就可以移动了。这个漏斗结构还能把水往下或者往上喷射，这样可以使鹦鹉螺迅速地上下浮动。这也是头足类生物最常见的移动方式，这使得它们在软体动物

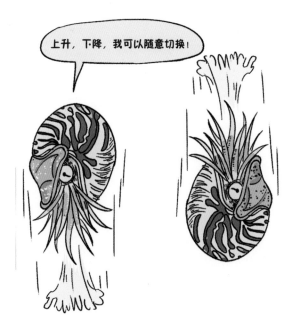

中拥有最强大的运动能力。

鹦鹉螺从外壳中央到外壳的开口部分，由一道道的弧形隔膜分隔开，就像是一个个小房间，这些"房间"的数量会随着鹦鹉螺的成长而增加。外层的"房间"最大，被称为"住室"，鹦鹉螺的身体通常居住在这里。另外的30多个小"房间"可以储存许多空气，因此被称为"气室"。

这些分隔"房间"的隔膜上都有细小的孔洞，每个孔洞之间都有一个叫作"串管"的结构，这个结构使得每个"房间"能够连在一起。在鹦鹉螺想要浮出水面时，它会利用串管的局部渗透作用将身体内的液体缓缓排出，使身体质量减轻从而漂浮起来。当要下沉时，四周的压力又会把海水送回壳内，增加鹦鹉螺的身体质量，这样它就可以下沉了。

作为一种暖水性动物，鹦鹉螺一般生存在 19 ~ 20℃的海里，其栖息的海洋深度一般为 50 ~ 300米。所以鹦鹉螺需要调整"气室"中空气的含量，以保证自己能够适应海洋深处的压力变化。

鹦鹉螺一般在晚上活动，主要吃小螃蟹等甲壳类生物；在白天，它们会藏在珊瑚礁浅海的岩石缝隙里。在暴风雨过后的夜里，鹦鹉螺会成群结队地漂浮在海面上，看起来十分壮观，见过这一场景的水手把它们称为"优雅的漂浮者"。鹦鹉螺一旦死去，躯体就会从壳中脱落，然后沉入海底，而外壳则会在海洋中一直漂流。

海洋里的"武士"——狮子鱼

狮子鱼是一种漂亮而奇特的海洋鱼类，具有艳丽的条纹及四射奔放的背鳍、胸鳍及腹鳍。它的胸鳍和背鳍上有着长长的鳍条和棘刺，有的人觉得看起来像是火鸡的羽毛，所以管它叫"火鸡鱼"；还有的人认为这些鳍条和棘刺就像古时候人们穿的蓑衣，所以又管它叫"蓑鲉"。狮子鱼主要生活在1~50米深的珊瑚礁、碎石或岩石底质的礁石平台，它时常拖着宽大的胸鳍和长长的背鳍在海洋中游弋，看起来悠闲自在。

狮子鱼红褐相间的艳丽条纹使得它与珊瑚礁、海葵组成了美丽的海底风景线。在一片赤红的珊瑚礁中，狮子鱼穿梭其中也不会轻易地被其他鱼类发现。尽管狮子鱼的鳍很大，但是它却不擅长游泳，所以只能借助珊瑚礁等将自己隐藏起来，伺机捕食。当它的胸鳍竖起来并开始迅速地抖动时，就表示它要发起进攻了。

科学家发现，狮子鱼胸鳍的抖动和响尾蛇尾巴的抖动十分相似，都是为了吸引猎物的注意力。当猎物被抖动的胸鳍吸引时，狮子鱼会迅速地将抖动的长鳍条收紧，然后飞快地游过去，一口咬住猎物，那些被迷惑的猎物就成了狮子鱼的腹中食。

另一个让狮子鱼能够如此迅速地捕捉猎物的原因是，这些猎物中了毒。狮子鱼背鳍上的那些棘刺可不是白长的，这些棘刺的上面都有毒腺，里面藏着狮子鱼的毒液。在捕捉猎物时，狮子鱼会通过棘刺释放毒素来麻痹它们，使它们不能轻易逃脱。这些棘刺的存在不仅可以帮助狮子

鱼捕捉猎物，还能帮助它们抵御危险。

　　如果没有了珊瑚礁等的庇护，狮子鱼则很可能会被大型鱼类盯上。在遇到危机时，狮子鱼会尽可能地将那些长长的鳍条展开，从使自己变得巨大，并用自身鲜艳的色彩警告对方。一般情况下，狮子鱼背鳍上的毒刺会被一层薄膜包裹着，但是只要遇上想要攻击它的生物，它就会竭尽全力地与之搏斗，并用毒刺刺向对方。即使那些大鱼最终吃下了狮子鱼，但是由于狮子鱼身上长长的鳍条的存在，大鱼也很难把它吞进肚子里。大鱼如果想将它吐出来，又很容易被它的那些鳍条和棘刺划破口腔，还可能直接中毒而亡，那些大鱼可能也没想到，吃个东西也会这么"左右为难"。正因为如此，对于狮子鱼来说，海洋之中几乎没有它的天敌。

　　即便狮子鱼如此厉害，它们也是有弱点的。它们的身上虽然有很多鳍条和棘刺，但是腹部却没有这些东西，因此它们无论游到哪里，腹部都一定会贴地，以防以自己身上最柔软的地方被攻击。

海洋里的"兔子"——海兔

一说到兔子，大家想到的肯定是有着萌萌的耳朵和三瓣嘴的小白兔，让人想不到的是，海洋里也有一种"兔子"，叫海兔，但是它与陆地上的兔子大不相同。其实海兔并不是兔子，而是一种螺类，是甲壳类软体动物中比较特殊的存在，也被人们称为海蛞蝓。海兔有几千种，形态各异，颜色各异，具有很高的观赏性。

与其他甲壳类软体动物不同，海兔没有明显的外壳，它的外壳已向内壳转变，它的背部有一层薄而透明的壳皮，壳皮通常为白色，具有珍珠般的色泽，但是从外观上很难看出来。海兔的脑袋上长着两对触角，一动不动时就好像一只长着大耳朵的兔子，所以人们才叫它海兔。

海兔体形比较娇小，体长通常为 9 ~ 12 厘米，体重只有大约 130 克，真的可以说是海洋中的小个子了。别看海兔个头小，但是它的足和触角十分有用，可以帮助它完成许多事情。海兔的足很宽，足叶两侧比较发达，足的后侧一直伸展到背部。通常情况下，海兔喜欢用足在海滩或海底爬行，并可以借助足进行短程游泳，在移动时，海兔的身体还可以变形。

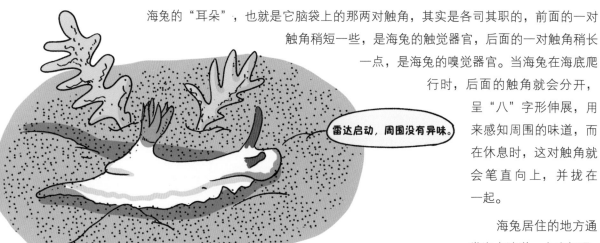

海兔的"耳朵"，也就是它脑袋上的那两对触角，其实是各司其职的，前面的一对触角稍短一些，是海兔的触觉器官，后面的一对触角稍长一点，是海兔的嗅觉器官。当海兔在海底爬行时，后面的触角就会分开，呈"八"字形伸展，用来感知周围的味道，而在休息时，这对触角就会笔直向上，并拢在一起。

海兔居住的地方通常海水清澈，水流畅通，

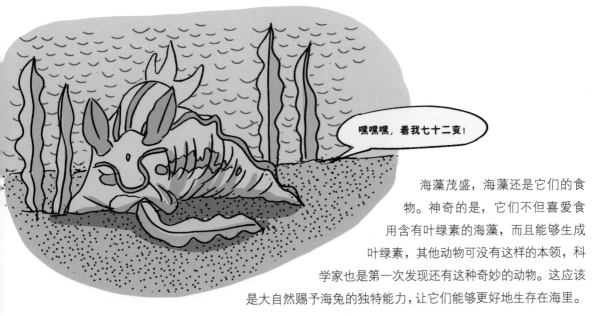

海藻茂盛，海藻还是它们的食物。神奇的是，它们不但喜爱食用含有叶绿素的海藻，而且能够生成叶绿素，其他动物可没有这样的本领，科学家也是第一次发现还有这种奇妙的动物。这应该是大自然赐予海兔的独特能力，让它们能够更好地生存在海里。

关于海兔的奇妙故事可不少，科学家研究发现，海兔还可以根据自己的进食习惯来改变身体的颜色，也就是说它们吃什么颜色的海藻，身体就能变成什么颜色。比如一只以红藻为食的海兔，它的身体就是玫瑰红色的，而以墨角藻为食的海兔，它的身体则是棕绿色的。有些海兔的体表还会有类似羽毛和树枝的突起，从而使它们的体形、颜色和纹路都与海洋中的海藻非常相似，可以很好地隐藏自己，减少了很多危险。

除了能够改变身体的颜色，海兔还有另外一套防御敌人的本领。海兔的身体里有两个腺体，一种叫紫色腺，可以释放大量的紫红色的液体，这些液体能够将周围的海水染色，这样可以迷惑敌人的视线，从而快速逃脱。还有一种是毒腺，能够产生一种轻微酸性、带有难闻气味的乳状液体，这种"化学武器"具有极强的毒性，任何生物沾染后都会中毒，甚至死亡。虽然海兔的身上有毒腺，但是它自己却不会分泌毒素，而是在吃了红藻后，把一部分藻类的毒素储存在自己的消化腺里，或者将其运送至肌肤分泌的乳状黏液之中，另一部分则储存于外层膜内，用以自我防护。海兔虽然看起来很可爱，但是也不是好惹的！

地球上的"蓝血居民"——鲎

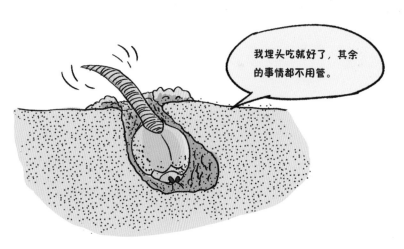

在恐龙还没有出现的时候，鲎的祖先就已经生活在这颗星球上了，那时候原始鱼类刚刚问世。慢慢地，与之同时期的动物或进化、或灭绝，鲎则自4亿多年以前诞生后，就一直保持着原始而古老的面貌。

鲎的身体结构具有非常强的适应性，它能够根据环境的变化调整自己，并且鲎从幼年期一直到成熟期都有一系列完善的自我保护机制。在寒冷的冬季到来时，初生的鲎会暂时将自己埋进沙土里，以沙蚕或者贝类生物为食，这样既能保证在冬季生存，也能抵挡外敌入侵。鲎生长得不算快，需要脱16次壳，经过9～12年的时间才能成熟。鲎在成年后就会用厚重的"铠甲"来抵挡攻击。

每年的春季和夏季是鲎的交配时期，它们会聚在一起，产下许多卵，并且鲎一旦成为伴侣，就会形影不离地生活在一起。更有意思的是，雌性的鲎往往要比雄性的鲎大很多，因此，常常能够看见体形较大的雌鲎背着瘦小的雄鲎在海里散步。

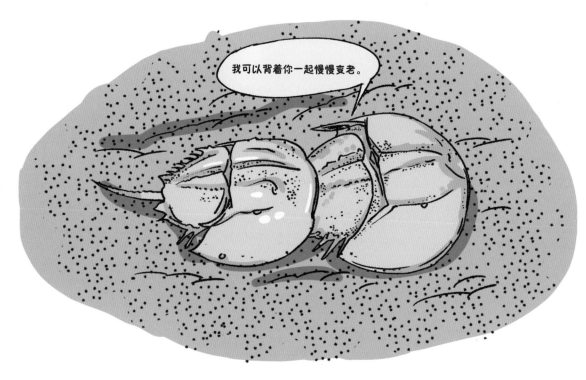

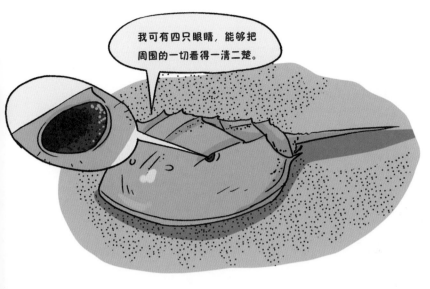

鲎的身体通常分为三部分：第一个部分是头胸部，第二个部分是分节的腹部，第三个部分是一根长长的尖尾刺。如果你第一次见到鲎，则可能会将它认作螃蟹，因为鲎具有青褐色或者暗褐色的身体，还有着硬硬的甲壳，和螃蟹长得很像。另外，鲎有四只眼睛，其中位于头胸甲两侧的两只眼睛是复眼，每只眼睛又是由许多只小眼睛组成的。而位于头胸甲前段的两只眼睛则是对紫外线非常敏感的单眼，鲎用它来感知光线和亮度。它还有一对叫作螯肢的钳子，专门用于捕捉蠕虫和薄壳软体类的生物。

与其他动物的血液相比，鲎的血液实在令人惊奇，它的血液不是红色的，而是蓝色的。这是因为鲎的血液中有铜离子的存在，所以会呈现为蓝色，看起来好像外星人的血液。鲎的血液不但色泽独特，还有着不可思议的功效。虽然鲎的血细胞很原始，仅仅是一种变形细胞，但是当病菌与鲎的原始血液接触后，这些血液中的变形细胞便会分泌一种蛋白，使血液快速凝固，在体内建立一层保护屏障，既可以阻止已有病菌的扩散，还能防止其他病菌的侵袭，因此，鲎的血液已被广泛应用于医药领域。

海洋里最难摆脱的"寄生虫"——藤壶

别看藤壶的名称中有个"藤"字，就以为它是一种植物。其实，藤壶是一种有着石灰质外壳的动物，通常依附在海岸的礁石上，在世界各地的潮间带都能找到它。

藤壶全身包裹着一层钙质外壳，看起来很像一座小火山，其大小为 5 ~ 50 毫米。它的个头不大，却也由上部和下部构成。上部有由 4 块背板及盾板组成的活动壳板，这些壳板由藤壶自身的肌肉牵动，操纵开合。当壳板张开时，藤壶就会从它的壳里伸出胸肢来捕捉猎物。当遇到危机或者潮水退去时，它会将自己关进壳中。

单从外观上来判断，藤壶应该是一种贝类生物，但是实际上它是一种甲壳类生物。藤壶虽小，却太有迷惑性了，一会儿让人认为它是植物，一会儿又让人认为它是贝壳。

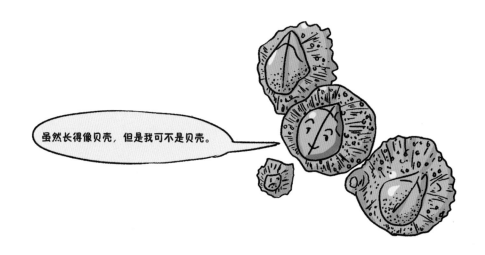

虽然长得像贝壳，但是我可不是贝壳。

藤壶既不喜欢游泳，也不喜欢爬行，而是营固着生活（底栖生物的一种生态类型，其特点是能分泌一种胶状物质把自身固着在基质之上）。你可不要小瞧藤壶，被它缠上可就麻烦了，它有很强的附着能力，它在准备附着的那一刻会产生一种胶状物质，可以将自己紧紧地吸附在坚硬的物体上或者其他生物的体表，比如它们会聚集在海岸附近的岩石上，使那里变得一片雪白，鲸鱼、海龟等动物身上也会粘上一些藤壶。

和那些依附在海岸附近岩石上的藤壶相比，附着于生物体表的藤壶更像是在偷懒，因为这样一来，它们一是可以随时"搬家"，跟随其他生物在海洋中遨游，迁移到另外的地方；二是在海洋中遨游时，它们能够从海水中获取更多的营养物质。人们在发现藤壶的这种习性后，研究了它分泌出的胶状物质，发现这种胶状物质的黏附力很好，防水性和稳定性也不错。

事实上，刚出生的藤壶并不会一直粘着岩石不动，它们还没有那层钙质外壳。这些小家伙留在海洋中随波逐流，中间经历大约 6 次蜕皮，然后变成另外一种小虫子——腺介幼虫。这个时候，小藤壶会寻找一个合适的着陆点，它们观察着四周的情况，如果确定了自己的住处，那么它们基本会一辈子留在那里，因此必须谨慎考虑。

小小的藤壶在着陆之后，会分泌一种强力胶状物质，将自己固定起来，慢慢地成长。成年的藤壶在不断地分泌钙质外壳的同时，也在不断地分泌强力胶状物质，好让自己能够更紧密地与基质粘在一起，这时候就和我们见到的那些藤壶没有什么区别了。

海洋里的"花朵"——海葵

　　海葵是海洋里看起来像植物其实是动物的一种长寿生物，它通常可以生存数百年，人们甚至发现过 2100 岁高龄的海葵。海葵会依附在海底的岩石、珊瑚礁或海岸边的陡坡上。当海葵整个淹没在海水中时，看起来就像花朵一般。海葵的身体很像一个瓶子，它的顶端有像菊花花瓣那样的触手，颜色鲜艳美丽，可以自由地伸展，因而它也被称为海菊花。

　　作为动物，海葵有其独特的运动绝招。运动时，它的身体会和触手一起伸缩，有时还会翻筋斗。其实，海葵的运动就是靠着发达的肌肉的伸缩来完成的。平时海葵不太爱运动，所以往往被当作海底的"鲜花"。

不管是动物还是植物，我就是要美丽。

　　令人意外的是，海葵居然还是一种肉食性动物，但是它甚至没有最低级的大脑，只是一种非常原始、非常简单的生物，只有最基本的求生需要才会激起它的反应。

　　当海葵遭遇敌人时，就会快速地潜入沙子之中。另外，海葵的每只触手都有神经细胞，甚至可以识别吃的东西是否合适。这些触手上还长有许多刺细胞，可以释放毒素，让猎物失去行动能力，然后将其吞食。百慕大地区的沙岩海葵因其毒素的毒性巨大而被称作"世界上最厉害的生物毒素"，其毒性甚至超过了氰化钾。

　　除了能够使用毒素将猎物麻痹，海葵还有一项厉害的技能，那就是它们的感知能力极强。科学家做过试验，当海葵的触

别靠近我哦，我不想伤害你。

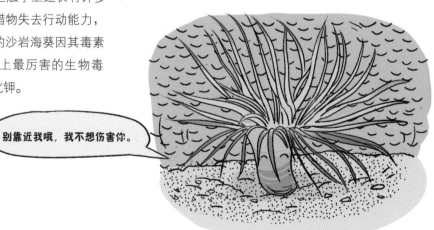

手触碰到塑料虾时，会迅速将其捕获，但是短暂的停顿之后又会把塑料虾给扔了。原因在于海葵的神经细胞非常精细，可以感知塑料虾是不能食用的，从而避免将塑料虾吞入腹中。

当用塑料虾去触碰海葵的其他触手时，这些触手还是会捕捉塑料虾，然后再停顿，再扔掉，这就意味着海葵的每只触手都可以感知触碰到的东西是否能食用，却无法将已经获取的信息和经验传递给其他触手。不过能拥有这样的技能已经很棒了，至少不会把塑料虾吃进肚子里。

多数海葵喜欢独居，当它们相遇时，彼此之间经常会发生争斗，甚至厮杀。不同的海葵见面后，会用触手接触一下对方，然后立即缩回去。如果相遇的海葵属于同一繁殖系，那么它们会慢慢地伸出自己的触手，互相搭在一起，没有任何敌意。如果属于不同繁殖系，那么它们就会频繁地伸出和缩回触手，不停地接触试探对方。反复几次之后，海葵的体内会充满水，变成一个锥形的模样，然后把自己的身体抬高，再将自己的整个身体压在对方身上，并用触手刺向对方，同时释放毒素，开始一场激烈的争斗。

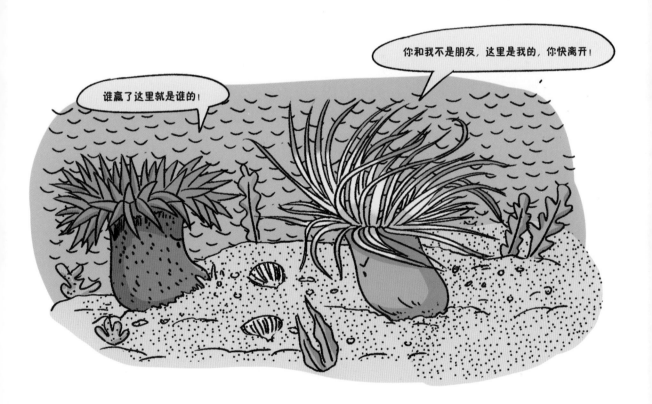